산책하는
강아지

산책하는
강아지

박대곤 · 김성민의 원 스텝 트레이닝

즐거운 반려견 산책을 위한 원 스텝 트레이닝
(One-Step Training)

좋은땅

농림축산식품부에 따르면 2018년 통계상 우리나라 반려견 수는 507만 여 마리이다. 바야흐로 반려견의 시대가 아닐 수 없다. 어디를 가든지 반려견을 동반한 사람들을 보는 것은 이제 자연스러운 현상이 되었다. 반려견 수는 1인 가구 증대, 반려인 증가 등의 이유로 급속하게 늘고 있다. 반면 반려견을 키우고 있는 사람들의 반려견에 대한 지식 및 인식은 반려견 증가 수와 동반 상승하고 있지 않은 것 같다.

반려견의 올바른 성장을 위해서는 반려견 산책이 무엇보다 중요하다. 보호자를 앞서지 않고 차분히 산책을 잘하는 반려견은 집에 돌아와서도 별다른 문제행동을 보이지 않고 다른 반려견과도 사이좋게 지낼 가능성이 높다. 사냥개 및 목축견으로 자신의 임무를 수행하기 위해 넓은 들판과 험난한 산들을 뛰어다니며 자신의 에너지를 맘껏 발산하던 과거와 달리 현재의 반려견들은 비교적 좁은 집안에서 일상생활을 해야 한다. 그러다 보니 자신의 에너지를 맘껏 속 시원하게 발산하고 집에 돌아오면 지쳐 푹 잘 기회를 많이 가지지 못하고 있다.

분명 반려견에게 산책은 매우 중요한 운동이자 반려견 자신의 건강을 지킬 수 있는 거의 유일한 건강관리 방안이지만 반려견을 키우는 보호자들에게는 이 점이 중요하게 인식되지 못하고 있다. '반려견 산책은 하나의 운동이다'라는 점에서 보호자는 산책에도 방법이 있다는 것을 알아야 한다. 보호자가 의도하지는 않았겠지만, 산책하러 나간다는 것을 알게 된 반려견은 너무 좋아 종종 흥분 상태에 빠지는 경우가 많다. 그리고 산책하러 나갈 때 좋아서 흥분하는 반려견의 모습에 왠지 보호자 자신도 기분이 들뜨게 된다. 하지만 반려견에게 산책 전 과도한 스킨십을 하거나 반려견의 흥분 상태를 그대로 방치한 채 산책하러 나가게 되면 반려견에게 좋지 않은 영향을 미침을 보호자는 알아야 한다.

산책이 만능 처방책은 아닐지라도 올바른 산책이 파괴적이고 비사회적인 문제행동을 보이는 반려견들의 문제행동을 줄이는 방안임은 틀림없다. 아마 일부 보호자들은 이미 산책의 중요성을 인지했겠지만 "올바른 산책 방법을 모르고 있어 고민이 많다"라며 올바른 산책 방법에 대해 진지하게 생각하고 있을 것이다. 그래서 이번 책《산책하는 강아지》를 통해 올바른 산책을 위한 준비 및 실전 훈련으로써 '원 스텝 트레이닝'이라는 반려견 트레이닝 법을 체계화한 후 보호자들에게 설명하고자 한다.

사실 원 스텝 트레이닝은 산책 훈련으로만 사용하기 위해 고안된 트레이닝 기법은 아니다. 원 스텝 트레이닝 하나로 반려견 훈련에 대한 전반적인 사항을 보호자들이 이해하고 실천할 수 있도록 체계화하였다.

이 책 전반부에서는 반려견에 대한 보호자들의 이해를 돕기 위해 개의 속성, 입양 및 사료 선택 등에 대해 자세히 설명하였다. 그리고 후반부에서는 트레이닝에 필요한 기본적인 지식을 함께 설명하여 비교적 짧은 시간 내에 효율적으로 보호자들이 반려견 트레이닝을 익힐 수 있게 하였다.

또 평소 반려견 트레이닝에 관심이 많았지만 마땅한 교재가 없어 실천에 옮기지 못했던 학생, 직장인, 주부 등 반려견을 사랑하는 모든 이들이 반려견 트레이닝 교재로 사용하기에 부족함이 없도록 사진도 많이 넣어 이해를 도모하였다. 그리고 마지막 장에서는 반려견 트레이닝을 좀 더 체계적으로 이해할 수 있도록 반려견 트레이닝 시 항상 부족하다고 생각되었던 반려견 트레이닝 관련 학습심리학 이론 부분도 추가하여 이론이 뒷받침되는 반려견 트레이닝이 될 수 있도록 노력하였다.

"다 내가 빚진 자라(롬1:14)"는 바울의 고백처럼 이 책이 나오기까지 직·간접적으로 많은 분의 도움이 있었다. 우선 원고를 꼼꼼히 읽어주며 교정을 위해 늦은 밤까지 수고해 준 친구 이병용(삼성전자 DS사업 메모리사업부 S. E.)에게 고개를 숙여 감사를 전하고 싶다. 이번 작업에는 함께 하지 못했지만, 항상 동고동락(同苦同樂)하고 있는 국토교통부 부산지방철도특별사법경찰대 폭발물탐지팀 정동웅 팀장님, 정형군·김상진·박용훈·서효석·김재우·김종원·정유주 팀원과 유익한 조언을 많이 해준 장인배 핸들러 그리고 사진 촬영에 도움을 주신 굿프렌드애견학교 구태호 소장님, 매너독반려견 교육센터 이덕윤 소장님, 하니 보호자님(고수길·이미숙), 서은주 트레이너, 하은빛 트레이너, 경기 북부 경찰특공대 김지혁 핸들러, 쌤 보호자님에게도 감사의 말을 전하고 싶다.

어려운 환경에서도 탐지견 사업 도입으로 이렇게 책까지 낼 수 있게 기회를 주신 도정석 국토교통부 철도특별사법경찰대장님, 항상 응원과 지지로 힘을 주시고 아낌없는 격려로 용기를 주신 김종용 국토교통부 서울지방철도특별사법경찰대장님, 항상 열정이 넘치시는 한기준 국토교통부 부산지방철도특별사법경찰대장님 등 철도특별사법경찰대 간부님들과 선·후배님들께도 감사를 드린다.

그리고 유익한 자료 사용을 허락해주신 관세청 탐지견센터 박창열 계장님, 임실군청 문화체육과 관계자님, 오수개 보존회 관계자님, 문의에 친절하게 상담해주신 농림축산식품부, 농업진흥청 관계자님, 자료를 검토해주신 센게이지러닝코리아, 학지사, 사이언스북스, NEW, 월트디즈니 등 여러 출판사와 배급사 관계자분들 미처 여기에 다 적지 못한 모든 분에게 진심으로 고마움을 표한다.

마지막으로 항상 품어주신 하나님께 감사하며 찬양을 올려드린다.

이처럼 많은 분들의 도움으로 《산책하는 강아지》가 세상에 나오게 되었지만 부족한 부분도 있을 것이다. 최선을 다했지만 지나고 보면 항상 아쉬움이 남는다. 부족한 부분은 독자들의 비판과 피드백으로 이 책의 수

정판 작업 시 반영할 것이다.

　이제《산책하는 강아지》를 통해 여러분의 반려견이 변화하는 모습을 보게 될 것이다. 또 당신이 미처 몰랐던 반려견의 모습을 발견해 희열도 느낄 수 있을 것이다. 그럼 이제 원 스텝 트레이닝 속으로 들어가 보자.

　　　　　　원 스텝 트레이닝을 통해 보호자와 반려견의
　　　　　　행복하고 건강한 산책이 되기를 바라며
　　　　　　　　　　　　　2021. 7. 15.

반려동물의 증가와 함께 사람과 동물 간의 문제, 동물과 동물 간의 문제 또한 증가하여 큰 사회적 문제가 되어 가고 있습니다. 이러한 문제들은 급기야 동물보호법의 개정과 더불어 동물을 키우기 위한 세금 문제까지 이르게 되었습니다.

아이폰이 세상에 처음 나왔을 때 지구상의 모든 사람이 그 혁신성에 경악을 금치 못하였습니다. 아이폰에 들어가는 기술들 대부분은 이미 기존에 있었던 기술이었음에도 말입니다. 《산책하는 강아지》 또한 마찬가지라 생각합니다. 이 책은 기존의 견 훈련 방식의 틀에 머물지 않고 끊임없이 연구해 온 결과의 산물입니다.

이번에 출간되는 《산책하는 강아지》는 저자들이 심혈을 기울여 집필한 책으로 그동안 저자들의 경험과 기술이 집약되어 있습니다. 개를 키우는 보호자들의 눈높이에 맞추어 가정에서 쉽게 자신의 사랑하는 반려견을 교육할 수 있는 책입니다. 특히, 풍부한 사진을 바탕으로 단계별 훈련 프로그램을 제시하여 최대한 실무적인 내용을 담아내도록 노력하였습니다.

저는 이 책을 많은 보호자가 접하여 자신의 개가 올바르고 예의 바른 사회의 일원이 되어 사람과 동물들이 서로 조화롭게 공존하는 데 기여할 수 있기를 진심으로 바랍니다.

2021. 7. 16.
서정대학교 애완동물과 박우대 교수

　이 책은 일반인도 반려견 트레이닝을 쉽게 이해하고 따라 할 수 있도록 체계화하기 위해 과학적 이론과 논문 등을 참고하였다. 하지만 여기서 주장하고 있는 내용 대부분은 우리의 경험을 토대로 한 것이다. 특히 〈제4부 반려견 트레이닝 속에 숨겨진 학습 원리〉에서 설명한 이론 부분은 보호자들에게 반려견 트레이닝 시 실질적으로 필요하다고 생각되는 부분을 학습심리학의 교과서적인 정의와는 다소 어긋나더라도 변형해서 설명하였다. 따라서 이 책은 학술적인 이론을 확립하고자 하는 학술서가 아님을 밝혀 둔다.

● 차례 ●

제2부 **원 스텝 트레이닝(One-step Training) 이론 편**

제 1 부

반려견 이야기

제1장

반려견 일반론

보호자의 무지함이 반려견의 문제행동을 만든다

반려견을 기르는 이유는 다양하겠지만 반려견을 키우는 보호자들은 자신들의 반려견이 말 잘 듣고 똑똑하기를 바라는 공통된 정서를 지니고 있다. 그러나 보호자들은 자신들의 반려견이 똑똑하기를 바라지만 정작 자신들은 반려견에 대한 이해가 부족한 상태에서 반려견을 입양하여 키우고 있는 것이 현실이다.

반려견들의 문제행동(problem behavior)이 발생하는 원인의 대부분은 보호자의 지식과 경험 부족 때문이다. 불필요한 짖음, 물건을 파괴하는 행위, 배변 실수, 사람과 다른 반려견에게 보이는 공격적인 행동 등 보호자가 원치 않는 문제행동들은 반려견의 숫자만큼이나 다양하게 나타나고 있다. 보호자가 반려견에 대해서 잘 모르고 기르기 때문에 반려견과 보호자 사이에 문제가 생겨나기 시작하고 한번 시작된 문제들은 걷잡을 수 없이 확산하여 결국 돌이킬 수 없는 결과를 가져오게 된다. 문제행동들이 생기고 확대되는 과정에서 보호자들은 상당한 스트레스를 받게 된다.

반려견의 행동을 이해하기 위해서는 반려견은 사람과 어떻게 다른지, 반려견은 어떤 생각으로 행동하는지 등에 대해서 우선 알아볼 필요가 있다.

개의 속성

개는 태어날 때부터 치열한 생존경쟁에 들어간다. 살아남기 위해 최선을 다하지 않으면 곧 굶어 죽을 수 있기에 갓 태어난 강아지들도 조금이라도 더 모유가 풍부하게 나오는 어미 개의 젖꼭지를 차지하려고 치열하게 움직인다. 혹시라도 형제 견이 자기 때문에 젖을 먹지 못해 죽더라도 자신과는 상관이 없다고 생각하므로 죄책감도 느끼지 않는다. 그렇기에 개들은 태어날 때부터 철저히 이기적이다.[1] 그리고 개는 특히 손해 보는

---

1) 우리도 개를 사랑하는 사람으로서 개들의 본성을 아는 것과 우리가 사랑을 주는 것은 별개라고 생각한다. 또 개들이 인류를 위해 보여 준 아름답고 감동적인 이타적인 행동도 존재한다는 것은 분명하다. 다만 여기서는 개들의 일반적인 속성에 대한 설명이기에 유감스러운 이야기를 하는 것에 대하여 독자들에게 우선 양해를 구하는 바이다. 이타적인 행동에 대해서는 〈개들의 이타적인 행동은 충성심이 아닌 사랑 때문이다〉에서 다루기로 한다.

걸 아주 싫어한다. 이렇게 손해 보기 싫어하는 반려견의 성향이 어쩌면 사람과 가장 가까운 동물이 될 수 있는 요소로 작용했을지도 모른다.

어미 개의 모유를 먹지 못하는 강아지는 생존의 문제에 직면하게 된다. 생존이 걸린 상황의 강아지를 우리의 도덕적 기준으로 판단하기는 쉽지 않다.

최근 유행하는 반려견 행동수정법도 그 핵심은 자신에게 손해가 발생하면 어떻게든 이익이 되는 쪽으로 행동을 변화시키려는 개의 본성을 이용하는 것이다. 손해 보는 상황을 이익을 보는 상황으로 변경시켜 주면 자신에게 이익이 되는 방향으로 행동을 변화시키는 데 개들이 수긍하고 행동의 변화를 보이게 된다. 예를 들어 너무 심하게 짖는 개의 경우를 살펴보자. 평소처럼 심하게 짖는 행동을 계속할 경우 그대로 두는 경우와 짖지 않을 때 맛있는 음식을 먹게 되는 경우 이 두 가지의 상황을 만들어 보자. 그러면 개들은 짖지 않을 때 맛있는 음식이 나오는 것을 쉽게 파악한다. 그리고 음식이 나올 수 있는 방향으로 자신들의 행동을 스스로 수정하는 것을 볼 수 있다. 이런 개의 손해 보기 싫어하는 속성이 행동수정에 밑바탕이 된다.

개의 가축화 시기 및 이론[2]

우리 주변에서 반려견을 보는 일은 이제 흔한 일이 되었다. 공원을 가든 놀이터를 가든 심지어는 열차를 타러 기차역에 가든지 언제 어디서든 반려견의 모습을 발견할 수 있다. 지금은 너무나 친숙해서 인류와 처음부터 함께 살아온 것처럼 느껴지는 개들은 과연 언제부터 가축화되어 인류와 함께 지내온 것일까?

농촌진흥청에서 발간한 〈RDA Interrobang〉(112호) '재능을 기부하는 개들'에서는 "이스라엘의 아인 말라하(Ain Mallaha)에서 12,000년 전의 고대 무덤에서 개를 꼭 껴안은 자세의 여인과 개의 유골이 발견[3]"되었으며 "이 증거와 기타 유적의 벽화, 암각화 등을 통해 학자들은 12,000년 전에는 일반화되었으나 시작은 14,000년 전으로 추정[4]"된다고 밝히고 있다.

---

2) 농촌진흥청에서 발간한 〈RDA Interrobang〉(112호) '재능을 기부하는 개들'(김동훈 · 양병철 · 김동교 · 박진기, 2013. 11. 6, p.1)을 토대로 '고아 늑대(새끼)설'과 '자기 가축화설'을 재구성하였다.
3) 농촌진흥청에서 발간한 〈RDA Interrobang〉(112호) '재능을 기부하는 개들'(김동훈 · 양병철 · 김동교 · 박진기, 2013. 11. 6, p.1)
4) 상게서, p.1

즉 "개가 가축화된 시기는 대략 14,000년 전으로 전 세계에서 거의 비슷한 시기에 이루어진 것으로 추정[5]"된다는 것이 일반적인 설명이다.

지금의 개들은 반려견으로 한 가정의 일원으로서 대접을 받고 있지만, 개들의 선조는 가축(domestic animal)으로서 첫걸음을 내디뎠다. 개가 가축화된 이유를 설명하는 이론에는 "많은 학설이 있으나 가장 지지를 얻고 있는 것은 '고아 늑대(새끼)설'과 '자기 가축화설'[6]"이다. 이 중 '자기 가축화설'은 "늑대가 주거지 주변에서 먹이를 구하다가 자연스럽게 순화된 것으로 보는 이론[7]"이다. 개의 선조들은 원시 인류가 먹다가 버린 음식이나 사람이 먹기에는 부적절한 부산물을 먹기 위해 사람이 사는 거주지로 찾아 들어왔고 사람과 공존할 수 있도록 진화해 스스로 가축화했을 것이다. 이 과정에서 사람들이 싫어하는 행동들은 도태시켜 사람과 평화롭게 지낼 수 있게 되었을 것이다. 즉 자신들의 이익을 위해 자신을 스스로 가축으로 진화시켰고 진화의 결과 자신들이 손해 보는 일이 생기지 않게 된 것이다. 그러나 이렇게 스스로 가축이 된 원시의 개들은 원시 인류가 사냥에 실패하거나 자연재해 등 이례적인 상황 발생 시 비상식량 역할도 해주었을 것이라 짐작된다. 이 경우 스스로 가축이 된 야생의 개들에게는 재앙이 아닐 수 없었다.

---

5) 상게서, p.1
6) 상게서, p.1
7) 상게서, p.1

개들의 조상이 누구인지에 대한 논의는 다양했으나 현재는 늑대가 개의 선
조라는 것이 유력해지고 있다. 알래스칸 맬러뮤트(alaskan malamute)는 늑
대와 유사한 유전자를 가지고 있는 견종 중 하나이다.

개의 가축화를 설명하는 또 다른 이론은 '고아 늑대(새끼)설'이다. '고아
늑대설'은 "무리에서 떨어지거나 어미가 죽은 새끼를 사람이 키우면서 순
화된 것으로 보는 이론[8]"이다. 늑대 무리에서 떨어져 나와 고아가 된 어린
늑대를 우연히 발견한 사람이 어린 늑대를 거주지로 데려와 키웠고 이렇
게 자란 늑대가 개로 진화했다고 설명한다.

최근에는 여러 가지 이유로 '자기 가축화설[9]'이 좀 더 설득력 있는 이론

---

8) 상게서, p.1
9) '자기 가축화설'이든 '고아 늑대(새끼)설'이든 개의 조상이 늑대였다는 사실을 전제로 설명하고 있

으로 받아들여지고 있는 것 같다. 개들은 항상 자신에게 유리한 쪽으로 상황을 이끌어 가려 노력하며 손해가 발생하면 어떻게든 이익을 보는 방향으로 행동을 취하는 모습도 '자기 가축화설'이 좀 더 설득력 있는 이론임을 방증한다.

개의 사냥 본능

개들의 대표적인 사냥 본능은 추격력, 추적력, 포획력 등이 있다. 추격력이란 움직이는 사냥감을 쫓아가는 능력이다. 추격력이 뛰어난 비글(beagle)과 로디지안 리지백(rhodesian ridgeback) 그리고 하운드(hound) 등이 일찍부터 사냥꾼과 함께 사냥에 나선 개들이다. 추적력은 사냥감이 수풀이나 산으로 도망가는 등 시야에서 사라졌을 때 사냥감의 냄새를 찾아 사냥감의 위치를 파악하는 능력이다. 열심히 추격하다가 한순간에 사냥감을 놓치게 되면 개들은 사냥감의 냄새를 쫓아가게 된다. 그리고 이렇게 어렵게 추격과 추적을 통해 사냥감과 만나게 되면 용감하게 한입에 물어 사냥감을 확보하게 되는 데 이렇게 대담하게 사냥감에 돌진하여 물거나 앞다리 등으로 사냥감을 제압하는 능력을 포획력이라고 한다.

다. 개의 조상을 호주의 야생 개 '딩고'로 보는 견해, 코요테로 보는 견해 등 다양한 의견이 있고 개의 조상이 과연 누구인가에 대한 다양한 논의가 대립 중이며, "현존하는 개의 DNA가 인간에 의해 뒤섞여버려 기원을 밝히는 것이 불가능하다는 주장도 존재"한다. (농촌진흥청에서 발간한 〈RDA Interrobang〉(112호) '재능을 기부하는 개들'(김동훈·양병철·김동교·박진기, 2013. 11. 6, p.1))

보호자들은 이런 사냥 본능을 불편하게 생각할 수 있다. 그러나 이런 능력들을 활용하면 반려견 학습에 탁월한 효과를 볼 수 있다. 만약 개들에게 이런 사냥 본능이 없었다면 반려견 트레이닝은 힘들었을 것이며 반대로 문제행동도 그다지 발생하지 않았을 것이다. 개와 사람의 차이를 받아들이고 개들의 사냥 본능을 잘 이해하고 활용[10]하면 반려견을 좀 더 수월하게 기를 수 있다.

---

10) 이 부분에 대해서는 제4부의 〈제2장 드라이브(drive)에 대한 이해〉에서 좀 더 자세하게 다룰 것이다.

개의 사냥 본능 및 이를 응용한 트레이닝

1. 추격력: 움직이는 대상을 쫓아가는 능력

추격력을 이용한 대표적인 경우가 프리스비(frisbee)에서 원반 잡기다.

2. 포획력: 움직이는 대상을 입으로 물거나 앞다리 등을 이용해 제압하는 능력

IGP 훈련(방호 훈련) 도중 슬리브를 포획한 모습

3. 추적력: 후각능력을 이용하여 대상을 찾아내는 능력

추적력은 탐지 분야에서 사용되는 사역견의 가장 대표적인 사냥 본능이다.

4. 방어력: 자신의 영역이나 신체를 지킬 수 있는 능력

* 마약 및 폭발물 탐지를 하는 워킹독(working dog, WD)[11]의 경우 개들의 사냥

본능 중 추적력을 중심으로 사용하게 된다.

** 개들의 사냥 본능 세부 항목은 통일된 견해는 없고 분류자 별로 차이가 있다.

---

11) 사역견이란 용어를 쓰는 경우도 있고, 워킹독으로 사용하는 경우도 있다. 또 특수목적견이라는
　　용어도 사용된다. 약간의 차이점은 있지만 다 같은 뜻으로 실무에서는 혼용되어 사용되고 있다.

제 2 장

반려견 리더로 거듭나기

팩 리더(Pack Leader)의 이해

팩 리더란 개들의 무리(pack)에서 우두머리를 말하는데 과거에는 이 우두머리 개를 '알파 독(Alpha dog)'이라고 불렀다. 이는 늑대들의 무리에서 우두머리 늑대가 존재하는 것을 발견하고 이 늑대를 '알파 늑대(Alpha wolf)'라고 부르면서 생겨난 말인데 개들도 이러한 늑대들의 속성을 가지고 있다는 가정하에서 알파 독이라고 부르게 된 것으로 추정된다. 알파 독 또는 알파 늑대가 존재하는 이유에 대해서는 흔히 '우위성(지배성) 이론(principal of dominance)'으로 설명한다. 이 이론은 알파 독 또는 알파 늑대가 무리 내에서 가장 '힘(power)'이 센 개체가 무리의 우두머리가 된다는 것으로 우위성(지배성) 이론은 오로지 신체적 '힘'의 강약에 따라 알파 독이 탄생한다고 설명한다. 따라서 무리 내에서 알파 독과 그 이외의 개들 간에는 확고부동한 위계질서(order of rank)만 존재할 뿐 상호 신뢰라는 개념이 존재할 수 없다.

인위적이든 자연 발생적이든 팩(pack)이 구성되면 그 속에는 리더가 필요하다.

물론 지금도 반려견 분야에서 우두머리 개를 알파 독이라고 부르는 경우가 없는 것은 아니지만 현재는 알파 독이라는 용어보다는 팩 리더(Pack Leader)라는 용어를 더 선호해서 사용하고 있다. 왜냐하면 알파 독이란 용어에는 보스(boss)처럼 무리 내 개들을 억압하는 지배자의 개념이 많이 포함되지만 팩 리더에는 보호자가 반려견의 리더로서 자신의 반려견과 상호 신뢰를 전제로 관계가 맺어졌음을 내포하고 있기 때문이다. (팩 리더가 쉽게 이해되지 않는다면 사람들 모임 속에서 최근 자주 사용되는 그룹 리더(장)와 같은 개념이라 보면 된다)

팩 리더라는 용어를 사용하는 문제견 행동수정 과정에서도 가끔 '우위성(지배성) 이론'에 기초하고 있는 듯한 장면이 발견되기도 한다. 하지만 이 책에서 주장하는 '반려견 리더 되기'는 우위성(지배성) 이론을 토대로 한 것이 아닌 '트러스트 리더십'에 기초하고 있다.

반려견 무리에서 서열이 올바로 확립되지 않아 서열문제로 가끔 싸움이 발생하기도 하지만 오늘날의 반려견은 반려견과 반려견 사이의 서열문제보다는 보호자와 반려견 사이의 서열문제가 꼬이면서 문제가 발생되는 경우가 더 많다. (그렇다고 서열을 바로 잡기 위해 물리적 제재를 사용할 필요는 없겠다)

그러므로 보호자는 반려견이 입양되어 보호자와 함께 사는 순간부터 보호자의 의사와는 상관없이 하나의 팩(그룹)이 만들어짐을 이해하고 반려견의 올바른 성장을 위해서 반려견이 인정할 수 있는 리더십을 갖춘 팩 리더가 되어야 한다.

리더가 되기 위해서는 반려견의 행동과 상황 모두를 고려해야 한다
(확증편향 벗어나기)

반려견을 입양해 키우려는 보호자들은 이제 반려견의 리더로 새롭게 태어나야 한다. 무리 내에서 리더가 되면 모든 면에서 특권이 주어진다. 하지만 보호자는 리더가 되지 않더라도 이미 리더가 가질 수 있는 특권을 모두 누리고 있기에 보호자에게는 사실 팩 리더가 주는 이점을 활용할 동인이 없다 할 것이다.

보호자는 '트러스트 리더십'을 발휘해 반려견이 보호자를 믿고 따르도록 해보자.

보호자에게는 리더가 되든 안 되든 리더로서 이점이 없다 보니 보호자는 리더 되기에 무관심한 경우가 많다. 그리고 대체로 반려견은 응당 자신보다 몸집이 크고 자신에게 음식을 항상 제공해 주는 보호자를 자신의 리더로 쉽게 받아들인다. 그런 점에서 보호자는 팩 리더로서 역할 정립이 크게 문제 되지 않는 것처럼 느낀다.

하지만 처음에는 비교적 쉽게 보호자를 자신의 리더로 받아들인 반려견도 시간이 지나면서 보호자가 리더로서의 엄정함과 일관성을 보여 주지 않으면 자신들이 리더가 되어야겠다고 생각하게 된다. 이 경우는 서열상 최고의 자리에 앉고자 하는 권력욕에서 비롯된 동인과는 구분되어야 하는데 반려견이 리더가 되려는 가장 큰 동인은 보호자를 보호하기 위함에 있다.

보호자와 반려견이 좁은 공간에서 같이 살아가야 하는 우리의 반려견 문화에서 반려견이 리더 역할을 하기 시작하면 보호자와 반려견 사이에 갈등이 생길 수밖에 없다. 얌전하던 반려견이 초인종 소리만 나면 미친 듯이 짖어 대거나 외부인이 오면 으르렁거리는 등 흔히 말하는 반려견 예절과는 전혀 동떨어진 파괴적이고 공격적인 모습을 보이게 된다.

초인종 소리만 나면 마구 짖어 대거나 외부인이 오면 으르렁거리는 행동이 사실은 보호자를 그리고 자신이 거주하는 생활 영역을 지키기 위한 행동이었다. 반려견 입장에서는 응당 칭찬받아 마땅할 일이라고 생각하면서 행동했다는 말이다. 그러나 칭찬받을 일임에도 보호자가 오히려 반려견의 이런 행동을 꾸짖거나 비난한다면 반려견이 평소 보호자에게 가지고 있던 신뢰가 무너질 수 있다. 즉 보호자와 자신이 하나라는 공동체 의식이 사라지고 보호자인 '너'와 반려견인 '나'라는 이원적 존재라는 의식만이 남게 될 우려가 있다.

오해에서 오는 그릇된 확신[12]은 항상 자신뿐만 아니라 자신을 둘러싸고 있는 여러 사람과의 관계를 깨트릴 수 있다. 반려견과 보호자 사이에서도 마찬가지다. 특히 보호자가 절대적인 우위에 있는 상태(대부분 경우가 이런 상태일 것이다)에서 반려견이 특정 행동을 했을 때 주변 상황과 자신의 반려견 성격 등을 종합적으로 고려하지 않은 상태에서 내려지는

---

12) 정확한 사실관계를 파악하지 않고 자기만의 생각이 객관적 진실로 굳어진 상태를 '확증편향 (confirmation bias)'이라고 한다.

문제견이라는 결론은 보호자와 반려견 사이의 친밀감을 해칠 수 있음에 항상 유의해야 한다. (다만, 반대의 경우에는 주의할 필요가 있는 데 반려견이 평소 낯선 사람을 보면 물거나 공격성을 나타냈다면 보호자는 사람이 많거나 다른 반려견이 있는 장소에서는 목줄을 최대한 짧게 잡거나 머즐(muzzle, 입마개)을 씌우는 등 만약에 사태를 대비해야 한다. "우리 개는 착하다"라고 말하면서 조치를 하지 않는 것은 '확증편향'에 빠진 것이 아니라 보호자로서 그리고 리더로서 책임감이 없는 행동일 뿐임을 명심하자)

앞에서 예를 든 반려견의 행동들은 보호자를 지키기 위한 조치였으며 보호자가 거주하며 생활하는 영역을 방어하기 위한 정상적인 행동이었다. 그러나 이러한 반려견의 행동은 그 의도는 고맙지만, 보호자에게는 불필요한 경우가 많으므로 이러한 행동이 나타나지 않도록 보호자가 반려견에게 자신이 리더임을 확실히 인식시켜 줄 필요가 있다.

어떻게 하면 보호자는 반려견의 리더가 될 수 있나?

보호자가 반려견의 리더가 될 수 있는 방법론으로 실제 개들 무리 속에서 리더인 개의 모습을 활용하자는 제안이 몇몇 있었다. 그러나 이는 어디까지나 개들 사이에서나 자연스러운 것이다. 보호자가 개가 아니라는 사실을 반려견 또한 분명히 인식하고 있다. 그러니 보호자가 개가 하는 행동을 한다고 해서 반려견이 보호자의 행동을 자연스럽게 받아들일 것이라고 착각하면 곤란하다.

그렇다면 어떻게 해야 반려견의 리더가 될 수 있나? 방법은 의외로 간단하다. 되는 행동과 안 되는 행동을 엄격히 구분 지어 주는 '일관성'을 보여 주면 된다. 바른 행동에는 아낌없는 칭찬과 보상을 하고 보호자가 인정할 수 없는 행동이나 원하지 않는 행동에는 단호히 제지하는 등 일관성을 유지하도록 노력하면 된다. 그리면 반려견은 보호자를 자신의 리더로 인정하게 된다.

개 관련 최고 전문훈련인 IGP[13])에서도 리더로서의 핸들러 역할이 특히 중요시된다.

---

13) IGP훈련에 관심이 있는 보호자라면 육군군견훈련소 김병부 교관이 공저로 쓴 '김병부·김일권, 《애견 훈련학(IPO이론과 실습)》, 펫미디어, 2007'을 참고하면 도움이 될 것이다. IPO훈련은 현재는 IGP훈련이라고 명칭이 변경되었는데 이유는 기존 IPO(international Prüfungsordnung)란 말이 '국제시험규정'이란 뜻으로 어떤 국제시험인지가 명확하지 않아 현재 IGP(international gebrauchshunde Prüfungsordnung)로 이름을 변경하였다. 참고로 IGP는 '국제사역견시험규정'이라는 뜻이며 사역견(working dog) 관련 훈련이므로 반려견의 경우 이 훈련까지 받아야 하는 것은 아니다.

내가 리더가 된다고요?
(보호자들의 소극적 태도가 반려견을 맹견으로 만든다)

보호자들이 가장 해서는 안 되는 것 중 하나가 반려견의 행동이 보호자가 원하는 행동이 아님에도 반려견을 꾸짖거나 야단치는 것이 싫다는 이유로 잘못된 행동을 참아 버리는 것이다. 처음에는 한두 가지 정도가 싫었겠지만, 시간이 지나다 보면 반려견은 온 집안을 헤집고 돌아다닐 것이다. 그리고 이로 인해 겪는 보호자의 스트레스는 상당할 것이다. 예를 들어 보호자는 반려견이 바닥에서 식사하기를 원하는데 보호자 식사 테이블로 뛰어 올라와 테이블 위에 있는 음식을 마구 먹어 버리는 경우 또는 보호자가 침대에서 자고 있을 때 보호자는 반려견이 침대로 올라오는 것을 원하지 않았는데도 반려견이 느닷없이 보호자 침대 위로 뛰어오르는 행동 등이 대표적인 경우이다.

내가 리더가 된다고요?
(리더가 되라니 보스로 돌변하는 보호자들에게)

리더는 되는 행동과 안 되는 행동을 확실히 구분 지어야 할 의무와 책임이 있다. 이제껏 그러지 않았다면 지금부터라도 책임감을 느끼고 보호자의 가정에 맞는 행동규칙을 만들어야 한다. 다만 이를 실천하는 과정에서 보호자는 리더(leader)와 보스(boss)의 행동을 구분해야만 할 것이다. 보스는 무조건 제지만을 능사로 여기며 호통을 친다. (요즘 흔히 하는 말로

'꼰대' 스타일) 그러나 리더는 제지하는 경우와 이해를 시켜야 하는 경우를 구분할 수 있다는 점에서 차이가 있다.

리더 되기를 꺼리던 보호자가 리더 되기로 마음먹었을 때 가장 흔히 범하는 실수가 여기서 나온다. 리더가 되라고 하니 보스가 되어 버리는 것이다. 흔히 우리 인간 사회에서도 완장만 차면 이전과 확연히 다른 모습으로 변하는 사람들을 본 적이 있을 것이다. 소심하던 사람이 완장만 차면 적극적인 꼰대로 변하는 경우 말이다. 반려견의 문제행동에 대해서 아무 말도 못 하고 그저 참아 오다가 리더가 되라는 말을 오해하고 그때부터 반려견을 볼 때마다 무조건 혼을 내고 보는 보호자로 돌변하지 않도록 주의해야 한다.

또한 '안 되는 행동은 꾸짖거나 단호한 제지를 통해서 반려견에게 인식시키라'는 말에는 주의점이 있다. 안 되는 행동이라 할지라도 물리적 제지, 즉 때릴 필요는 없는 것이다. 안 되는 행동에는 단호하고 확고한 톤으로 '안 돼' 또는 'NO'라고 짧고 강한 어조로 말하면 반려견은 하던 행동을 멈출 것이다.

다만 안 되는 행동을 대할 때도 꾸짖거나 제지만이 만병통치약은 아님을 보호자는 알아야 할 필요가 있다. 반려견의 행동이 제지를 우선으로 해야 할 경우인지 정적 강화[14] 등 반려견 트레이닝으로 행동수정을 해야

---

14) 정적 강화(Positive reinforcement)의 개념과 정적 강화를 흔히 '긍정적 강화'라고 번역하는 경우에

할 경우인지 구분해야 한다. 반려견의 문제행동이 '정적 강화'를 통해 해결할 수 있는 경우라면, 정적 강화를 통해 문제점을 적극적으로 해결하는 것이 좋다. 당장은 돌아가는 것처럼 보일지라도 장기적으로는 정적 강화가 반려견의 행동 변화를 유도하는 지름길이다.

초인종 소리에 반려견이 마구 짖는 경우를 생각해 보자. 초인종 소리에 짖지 않게 하기 위해서는 꾸짖는 방법과 짖지 않아도 되는 상황임을 인식시켜 주는 방법 두 가지 모두를 생각해 보아야 할 것이다. 두 가지 방법 중 초인종 소리에 마구 짖는 경우는 정적 강화를 통한 반려견 행동수정이 더 바람직하다. 보호자는 이점을 우선 인식하고 시간을 내어 반려견이 초인종 소리에 짖지 않을 때 사료 보상이나 칭찬을 해 준다면 반려견은 이내 상황을 이해하고 초인종이 울리더라도 더 는 짖지 않을 것이다.[15]

외부 침입자에게 반려견이 짖을 때 혼내면 리더로서 실격

가정에서 반려견이 짖는 경우 원인은 다양할 것인데, 외부인의 침입에 대한 경계로써 반려견이 짖을 때 반려견을 심하게 꾸짖거나 심지어 물리적 제재를 가하면 반려견과 보호자 사이에 신뢰가 무너질 수 있다. 함께

발생하는 문제점에 대해서는 제4부에서 다루기로 한다.

15) 이 책에서는 초인종 소리에 과민 반응하는 반려견의 예가 많은데 이 책을 읽는 보호자가 반복되는 예를 통해 '정적 강화를 통한 반려견 행동수정'이라는 개념을 정확히 이해할 수 있었으면 하는 바람으로 거듭 예를 들었다.

거주하는 환경(여기서는 집)에 외부인이 침입하려는 상황으로 인식한 반려견이 침입자를 물리치기 위해 짖고 있는데 역으로 자신을 공격해 오는 대상이 보호자라면 반려견은 이러한 보호자의 행동을 이해하지 못할 것이다. 그렇다고 아파트나 주택 밀집지에서 이런 이유를 들어 반려견이 짖는 것을 방치하라는 의미는 아니다. 왜 반려견이 짖는지 이유를 파악하라는 것이다. 외부 침입자가 아닌 단순 방문객임에도 불구하고 계속되는 반려견의 짖음이 보호자나 이웃에게 불필요한 행동임을 반려견에게 이해시켜 이웃과 공존할 수 있는 매너를 가르쳐야 할 것이다.

외부 침입자는 반려견에게는 보호자와 힘을 합쳐서 물리쳐야 할 대상인데 보호자가 오히려 자신을 공격하면 반려견은 당황하게 되고 보호자는 반려견에게 배신자로 낙인찍힐 것이다. 외부인의 침입에 따른 반려견의 짖음은 자신의 영역에 대한 침범으로 간주되어 나타나는 경계심에 의한 것이다. 이런 짖음에 반려견을 위협하여 짖지 못하게 한다면 차후에 반려견이 보호자를 공격하는 상황으로 옮겨 갈 수 있으므로 섣부른 제재는 하지 않는 것이 좋다. 초인종이 울리는 것이 곧 외부 침입자가 쳐들어온다는 신호가 아님을 인식시켜야 한다. 반려견에게 지금 상황이 경계심을 가지고 짖어야 할 필요가 없는 경우라고 이해만 시켜준다면 반려견은 초인종이 울린다고 해서 곧바로 짖지 않을 것이다. 그리고 이러한 상황인식을 통한 반려견의 행동수정 원리는 짖는 행동과 짖지 않는 행동 중 어느 쪽이 반려견에게 유리한 행동인지 인식시켜 주는 데 있다.

짖을 때는 맛있는 음식을 주지 않고 짖지 않을 때 맛있는 음식을 준다면 반려견은 왜 음식을 줄까? 외부인이 침입할 수 있는 절체절명(絕體絕命)의 위기 상황에서 왜 짖지 않았는데도 오히려 맛있는 음식이 나오는 걸까를 생각하게 된다. 이제 반려견은 짖지 않았을 때 음식이 나오는 것을 알게 되고 그럼 음식은 언제 나오는 것인지를 생각하게 된다. 또 보호자와 함께 있을 때 초인종이 울리는 경우나 낯선 사람이 찾아오더라도 외부 침입자가 아니고 보호자가 초대했거나 보호자의 필요에 의해 방문하는 사람임을 반려견에게 인식시켜 주어야 한다. 그렇게 인식이 되면 반려견은 짖을지 말지를 스스로 고민하게 되고 이러한 고민이 깊어질수록 불필요한 짖음은 자연스럽게 줄어들게 된다.

'트러스트 리더십(trust leadership)'이란

리더와 보스의 극명한 차이점은 리더는 선두에서 무리를 이끌어 주고 보스는 뒤에 서서 지시만을 한다는 것이다. 인간관계에 있어서 리더십(leadership)을 연구하는 여러 학자는 수많은 리더십의 종류를 주장하였고 거기에 맞는 개인의 성향과 조직에서의 역할을 강조해 왔다.

그럼 보호자에게 필요한 리더십이란 어떤 것일까? 반려견을 키우는 보호자에게 요구되는 리더십은 '트러스트 리더십(trust leadership)'이다. (참고로 반려견에게 필요한 보호자의 리더십에 대한 연구는 현재 나온 것은 없고 경험에 비추어 보호자의 올바른 리더십 유형을 제시하였다)

'트러스트 리더십'이란 보호자와 반려견 사이에 형성된 신뢰(trust)를 바탕으로 반려견이 인간 사회에서 평화롭게 공존할 수 있도록 올바른 매너를 익힐 수 있게 반려견을 이끌어 줄 수 있는 보호자의 능력'이라고 정의할 수 있다. 즉, 트러스트 리더십은 허용되는 행동에는 칭찬과 보상을 해주고, 허용되지 않는 행동에는 제지와 행동수정을 통해 반려견을 올바른 방향으로 이끌어 줄 수 있는 보호자의 깜냥이다. 반려견에게 보스처럼 강압적으로 행동해 보면 반려견은 보호자를 자신의 적으로 생각하게 된다. 그리고 반려견이 보호자보다 서열이 높다고 인식하고 있는 경우 보호자가 강하게 억압하게 되면 반려견은 공격성을 보이게 된다. 반대로 보호자가 반려견보다 우월한 지위에 있는 상태에서 보호자가 계속 거칠게 반려견을 다룬다면 잔뜩 주눅이 들어 보호자의 눈치만 보는 소극적인 반려견으로 변하는 것을 보게 될 것이다. 견종 중에서 비교적 똑똑한 반려견들은 자신들이 원하는 올바른 리더십을 보호자가 보여 주지 않거나 무서운 보스처럼 억압하고 시종일관 거칠게만 자신을 다룰 때 갈등 상황을 회피하기 위해 스스로 집을 나가 버리는 경우도 있다. 따라서 반려견에게 리더십을 발휘하기 위해서는 보호자와 반려견 사이에 신뢰를 먼저 형성하고 이를 바탕으로 한 보호자의 리더십 발휘가 필요하다.

또 신뢰가 형성된 후 보호자는 자신감 있는 명령과 동작을 통해서 보호자의 리더십을 반려견에게 보여 주는 것이 중요하다. 평소 자신의 성격이 내성적이라 자기감정을 잘 표현하지 못하거나 소극적인 성격이라 반려견에게 적극적이고 단호하게 명령하지 못했던 보호자들은 이 부분에서 조금만 용기를 내어 보자. 자신 있게 반려견을 이끌어 주는 리더십을 가진 보호자를 만난 반려견은 평생 행복하게 살 수 있다는 점을 명심하길 바란다.

이 책의 독자 모두가 트러스트 리더십을 갖춘 보호자가 되기를 간절히 바란다.

예뻐해 주는 것만이 리더의 역할은 아니다

반려견을 사랑하는 보호자가 반려견에게 안락한 휴식처를 제공하고 건강유지를 위해 좀 더 나은 음식을 주고 예쁜 옷도 사 입히고 싶어지는 것은 인지상정(人之常情)일 것이다. 하지만 이런 것들이 지나쳐 반려견을 예뻐한다는 이유로 시도 때도 없이 안아 주면 반려견은 안기지 않았을 때 불안함을 느끼게 된다. 이 경우 보호자는 자신도 모르게 반려견에게 보호자는 항상 자신을 안아 주는 존재로 학습시킨 결과를 초래한 것이 되며 이렇게 학습된 반려견은 보호자만 보면 무조건 안겨야 한다는 강한 집착을 보일 수도 있다.

보호자의 과도한 애정표현이 정상적인 반려견을 문제견으로 만들 수도 있다. 개들도 나이를 먹는 만큼 보호자들은 나이에 맞는 애정표현을 할 필요가 있다. 일부 보호자들은 반려견이 강아지일 때 하던 애정표현을 성견이 된 이후에도 똑같이 한다.

어미 개의 행동을 한번 살펴보자. 갓 태어난 강아지에게 온갖 애정을 쏟아붓는다. 하지만 젖을 떼야 할 시기가 오면 냉정하게 돌아선다. 성장 시기에 맞게 대하는 것이다.

그러나 우리는 어떤가? 보호자에게 있어 자신의 반려견은 마냥 귀엽고 사랑스럽다. 그래

어미 개 또한 어린 강아지에게는 리더로서 명확한 지침을 준다. 무리 내에서 해도 되는 행동에 대해서는 상당히 관대하게 강아지를 대하지만 해서는 안 되는 행동을 할 때는 그 어떤 존재보다 무섭고 모질게 훈계를 한다.

서 나이를 아무리 먹더라도 어릴 때와 똑같이 대한다. 이럴 경우 반려견은 육체적 성장만 하고 보호자의 과도한 애정 때문에 정신적으로는 성장하지 못한다. 성견이 되어서도 분리불안이 심한 개들이 대표적인 경우이다. 개가 정신적으로 성장하기 위해서는 보호자가 없을 때 반려견 혼자

집에 있을 수 있는 독립성, 보호자와 함께 있는 상황에서도 낯선 반려견을 만나게 될 때 낯선 반려견과도 소통할 수 있는 사회성을 길러 줘야 한다. 그러기 위해서는 혼자만의 시간도 필요하고 낯선 장소나 낯선 사람, 다른 동물들과도 만나 봐야 한다. '우물 안 개구리'처럼 보호자하고만 온종일 있는 반려견은 정신적으로 성장하지 못한다. 보호자에게 너무 의존하지 않도록 나이에 맞는 독립성을 키워 주기 위해 걱정은 되겠지만 혼자 있게도 해 보고 반려견이 조금 어색해하더라도 낯선 개들과도 시간을 보내게 하는 등 보호자의 손길을 떠나 잠시 있을 수 있도록 해야 한다.

처음 보는 낯선 반려견에게도 자신의 냄새를 자신 있게 맡게 할 수 있도록 사회성과 자신감을 길러 주자.

이제껏 너무 귀엽고 사랑스러워서 한시도 보호자의 품과 주위를 떠나지 못하게 했더라면 이제부터라도 보호자는 자신의 애정을 조금 꺼두는 것이 반려견을 위하는 진정한 태도임을 알아야 한다. 다만, 자식을 다 키워 결혼을 시킬 때 자녀들이 자신의 배우자에게만 사랑을 보이고 부모를 후순위로 여길 때 부모가 느끼는 서운함, 청소년기 자녀들이 독립성이 자랄 때 모진 말로 부모에게 상처를 주는 경우처럼, 반려견의 독립성을 키워 줄 때 이전과는 다르게 반려견이 보호자를 덜 갈망한다는 느낌이 들게 된다. 하지만 보호자는 반려견이 성숙하는 만큼 본인도 한 단계 성숙해지는 과정이라고 생각하고 조금 서운하더라도 받아들여야 한다.

영화 〈꽁치의 맛〉[16]에서 자신은 힘들어지겠지만 과감하게 딸을 독립시키는 '히라야마'처럼 반려견에게 필요한 독립성을 키워 주기 위해 보호자는 일시적인 고독감과 섭섭함을 피할 수는 없을 것이다.

개들의 이타적인 행동은 충성심이 아닌 사랑 때문이다

개들의 행동에 대해 흔히 범하게 되는 우리의 오해와 착각에 대해 생각해 보자. 탐지견을 비롯한 각종 사역견(WD)[17]들의 행동을 보게 될 때마다 우리는 국가와 사회를 위해 헌신하는 책임감 강한 일꾼의 모습을 보게

---

16) 오즈 야스지로(Ozu Yasujiro) 감독, 〈꽁치의 맛〉(An Autumn Afternoon, 1962)
17) 사역견(working dog)은 폭발물 탐지견, 마약 탐지견, 검역견, 목양(축)견 등 사람의 일을 돕고 있는 개들을 말한다.

된다. 그리고 아무것도 바라지 않고 오직 사회에 도움이 되고자 하는 열의 하나로 오늘도 사회 곳곳에서 묵묵히 활동하고 있는 자원봉사자와 같은 모습도 관찰하게 된다. 그렇다고 이러한 사역견들의 모습에 충성심과 애국심 같은 단어를 붙이게 된다면 개들의 입장에서는 곤란할 것이다. 물론 그렇다고 탐지견 등 사역견(WD)으로 활동하다가 죽은 수많은 사역견의 장례 절차와 그들을 기리는 여러 의식이 폄하되어서는 곤란하겠다.

다만 여기서 이야기하고 싶은 것은 개들이 우리에게 보여 주는 인간을 위한 이타적인 행동들은 자신을 아껴 주고 재미있게 놀아 주는 보호자 및 핸들러(handler)[18]에 대한 사랑 때문에 가능하다는 것이 올바른 해석이라는 것이다. 왜냐하면 충(忠)이라는 단어가 주는 그 강렬함 때문에 충(忠) 앞에서 '사랑'이라는 단어는 허약해 빠진 감정으로 격하될 수 있기 때문이다.[19] 사랑을 충성심으로 전환시키는 우리의 행동은 분명 반려견 입장에서는 당혹스러울 것이다.[20] 사랑은 사랑 그 자체로 순수하게 받아들일 때 더 아름답다는 사실을 기억하자! 특정한 이념이나 사람의 필요에 의해 반려견이 사람에게 가지는 사랑에 무엇인가가 첨가될 때 사람을 향한 반려

---

18) 사역견(WD)을 운영하는 사람을 핸들러(handler)라고 하는데 과거 일본식 용어를 많이 사용하던 때에는 '지도수'라는 용어가 우세하였고 현재는 핸들러, 탐지조사요원, 지도수 등이 혼용되어 사용되고 있다.

19) 개들의 행동을 충(忠)이란 개념으로 해석할 경우 자칫 왜곡될 수 있는 소지가 있다. 예를 들어 제2차 세계대전 중 전투견들에게 적군의 탱크 밑으로 폭탄을 짊어지고 들어간 후 자폭하도록 강요된 야만적인 행동을 정당화하는 수단으로 사용될 수도 있는 것이다.

20) 스티븐 부디안스키는 "충성심이란 용어는 사용하기가 좀 더 조심스럽다. 이 말은 목적의 의미를 담고 있기 때문"이라고 지적한 바 있다. 이 절의 제목도 부디안스키의 책에서 따왔다. 스티븐 부디안스키, 이상원 옮김, 〈개에 대하여〉, 사이언스북스, 2005, 3장 개들의 에티켓 p.102~105 참고.

견의 사랑이란 가치가 오히려 희석되고 말 것이다.

탐지 분야에서도 핸들러와 탐지견이 서로 교감할 때 최선의 결과를 도출할 수 있다.
사진 출처: 국토교통부 철도특별사법경찰대

　사실 과거 우리나라에서 충견(忠犬) 하면 가장 먼저 이야기되는 개가 오수개[21]이었다. '오수개' 하면 금방 이해가 되지 않을 수도 있겠지만, 오수개는 과거 교과서에 실릴 정도로 유명한 개였고, 오수개 이야기는 역사

---

21)　전라북도 임실군에서는 1982년부터 매년 4월 내지 5월에 '의견문화제'라는 이름으로 행사를 진행하고 있다. 참고로 2019년에는 5.2~5.6, 3일간 열렸다. 충견문화제가 아닌 의견문화제라고 구별하여 명명함으로써 김개인을 향한 오수개의 사랑을 한껏 더 잘 살릴 수 있었다고 생각한다.

적인 의미가 있는 사실이라서 더욱 값지다 할 것이다. 임실군청 홈페이지
에는 오수개에 대한 내용이 친절하게 소개되어 있다.

☐ 오수개 표준모델 (2008년 오수개 지정 선포 모델)

☐ 원산지 : 전북 임실군 오수면

☐ 견명 :오수개. OSUDOG. 獒樹犬

☐ 오수개 표준모델의 체형

Group	Sex	체고(cm)	체장(cm)	몸무게(kg)	모색	모장(cm)
한국견 (Non sporting)	수	64.40 (2.61)	66 (2.35)	28 (3.08)	연황색	8.75
	암	59.33 (2.31)	62.67 (3.06)	23.67 (3.51)	연황색	8.75

☐ 성품적 특성

1 ㅣ 북방견이고 고대견종으로 야생성이 강하며 독립적 성격의 형질이다

2 ㅣ 자신의 영역에 대한 경계성이 강함으로 독립주택에 맞는 견종이다

3 ㅣ 사람에게 친화력이 높고 한 주인만 보는 충성도가 우수한 견종이다

4 ㅣ 훈련 적응성이 높고 훈련에 대한 집중력이 높은 편이다

5 ㅣ 견종 중에서는 우월감이 강한 견종으로 지배자적 품성을 갖고 있다

6 ㅣ 주인과 가족에 대한 애정이 강하며 외부의 경계가 뛰어나 경비견,수호견으로서
탁월한 능력을 가지고 있다.

사진 출처: 오수개 보존회

김개인과 오수개[22]

지금부터 1천 년 전 고려시대 거령현, 오늘날의 지사면 영천리에 김개인이라는 사람이 살고 있었다. 그는 개를 한 마리 길렀는데 그 개와 먹을 때도 같이 먹고, 그림자처럼 함께 다니면서 생활하였고 그 개 역시 그를 충정으로 따랐다.

그러던 이른 봄 그는 개를 데리고 장이 선 오수로 놀러 나갔다. 그는 친구들과 한 잔 두 잔 술을 기울이다가 그만 잔디밭에 쓰러져 깊은 잠에 빠지고 말았다. 개는 주인이 잠에서 깨어나기만을 기다리며 주위를 살피면서 지키고 있었다.

그런데 들에 불이나 부근에 번지고 있었다. 개는 주인을 깨우기 위해 온갖 지혜를 짜냈지만, 술에 취해 곯아떨어진 주인은 깨어날 줄 모르고 있었다. 뜨거운 불길이 점점 주인의 옆에까지 번져 오자 개는 가까운 냇물로 달려가 온몸에 물을 흠뻑 묻혀 와 수십 번 수백 번 왔다 갔다 하여 잔디를 적시기 시작했다. 싸늘함을 느낀 주인은 잠에서 깨어날 수 있었지만, 힘이 빠진 개는 주인의 옆에서 쓰러져 죽고 말았다.

주인은 개를 장사 지낸 뒤 이곳을 잊지 않기 위해 개의 무덤 앞에 평소 자기가 다니고 다니던 지팡이를 꽂은 뒤 지팡이가 나무가 되자 그

---

22) 임실군청 문화체육과 홈페이지

땅 이름을 개 오(獒), 나무 수(樹), 오수라고 부르게 되었다.

오수개는 분명 주인을 보호하려고 했고 결과적으로 자신의 희생을 통해 주인을 구했다. 그러나 이러한 오수개의 희생을 '의롭다'라고 평가하는 것은 적절한 것이지만 '충성심'으로 해석하는 것에 대해서는 경계할 필요가 있다. 오수개가 주인에게 깊은 신뢰를 두고 있었다는 점은 분명하다. "개와 먹을 때도 같이 먹고, 그림자처럼 함께 다니면서 생활"을 한 김개인에게 오수개는 신뢰를 두지 않으려 해도 안 가질 수 없는 상황이었을 것이다. 그러니 사람들아! 우리를 향한 개들의 사랑은 사랑, 그 자체로 순수하게 받아들이자.

애완견에서 반려견으로 명칭이 변경된 만큼 우리의 의식도 성숙되어야겠다

애완견이라는 단어가 가지는 부정적인 측면이 강조되면서 최근에는 애완견이라는 말 말고 다르게 부르자는 목소리에 많은 공감대가 형성되고 있다. 이제는 애완견이라고 부르는 사람들은 많이 없어진 것이 사실이다. 애완이라는 말에서 '완(玩)'이라는 단어는 여러 의미가 있지만, 특히 '장난감'을 지칭할 때 통상 사용된다. 아이들이 가지고 노는 장난감을 '완구'라고 부르는 것을 생각해 보면 이해하기가 쉬울 것이다. 애완견이라는 단어를 사용할 경우 장난감처럼 망가지거나 싫증이 나게 될 때면 버려도 되는 것처럼 느껴질 수 있어서 기존 애완견이라는 말은 현재 반려견으로 이름을 바꾸게 되었다. 그렇다면 '반려견'이란 무슨 의미일까? "반려동물이란 단어는 1983년 오스트리아 과학 아카데미가 동물행동학자로 노벨상 수상자인 K. 로렌츠(Konrad Lorenz, 1903~1989)의 80세 탄생일을 기념하기 위하여 주최한 '사람과 애완동물의 관계(the human-pet relationship)'라는 국제 심포지엄에서 최초로 사용"[23]되었다. 국립국어원 표준국어대사전에서는 '반려(伴侶)'를 "짝이 되는 동무"라고 정의하고 있다. 애완이라는 말과는 확연한 차이가 있음을 알 수 있다. 짝이나 동무는 내가 싫증이 난다고 버릴 수 있는 존재가 아니다. 오히려 짝이 힘들고 지쳤을 때 그리고 아플 때 위로를 해 주며 다독여 주고 간호를 해 주어야 하는 존재라는 의미를 내포하고 있다.

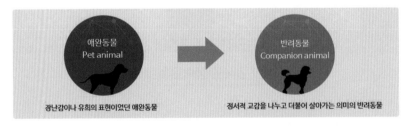

사진 출처: 농촌진흥청 소속 국립축산과학원 '반려동물'

이제 사용하는 단어도 바뀐 만큼 단어 변경에만 그치지 말고 반려견을 기르고 있는 보호자의 의식도 함께 성숙해지는 기회가 되기를 기원해 본다.

---

23) 농촌진흥청 소속 국립축산과학원 '반려동물'

서로에게 짝이 되어 줄 수 있는 진정한 의미의 반려견을 기르기 위해서는 보호자의 의식 또한 성장해야 한다. 반려견을 쓰다듬어 주고 좋은 사료를 주는 것뿐 아니라 반려견으로 살아갈 수 있는 매너를 교육해 줄 의무가 보호자에게 있음을 기억하자.

제 3 장

입양

당신은 반려견을 왜 입양하나요?

반려견을 입양하려는 사람들은 각자의 사연이 있을 것이다. 개를 너무 귀여워하거나 예뻐해서, 자신이 현재 너무 외로워서, 버려진 강아지가 어느 날 갑자기 눈에 들어왔는데 너무 불쌍해서 혹은 전원주택으로 이사를 하게 되어 집을 든든하게 지켜 줄 존재가 필요해서 등 다양한 이유로 분양을 받게 된다.

반려견은 사람에게서 느낄 수 없는 또 다른 감동과 환희를 준다. 반려견

어릴 적 반려견과 함께한 좋은 시간들은 보호자가 한평생 살아가는 동안 잊지 못할 행복한 추억이 된다.

사진 출처: 부산 해강초등학교 박인애

의 이러한 능력 때문에 최근에는 반려견을 이용한 동물교감치유[24] 분야 연구·개발이 활발하게 진행되고 있다. 일본처럼 개인주의가 광범위하게 발달한 나라에서는 반려견을 '반려자'로서도 인정하는 것처럼 반려견은 든든한 존재임이 틀림없다.

반려견과 오랫동안 함께하면 반려견을 통해 많은 것을 배울 수 있으며 반려견과 함께한 추억들이 삶의 원동력이 되기도 한다. 반려견이 다른 동

---

24) 2018. 3. 19. 농촌진흥청 보도자료에 따르면 기존에 사용되던 '동물매개치유'라는 용어에서 '매개' 라는 단어가 일반인이 받아들이기에 그 뜻이 어렵다는 지적에 따라 '동물매개치유'라는 용어를 '동 물교감치유'라고 변경하기로 하였다. 다만 실무에서나 '동물교감치유' 분야 서적에서는 '동물매개 치유'라는 용어가 현재까지 혼용되어 사용되고 있다.

물들과 다른 가장 큰 차이점은 교감 능력일 것이다. 반려견은 우리가 다소 모질게 해도 돌아서면 다시 반갑게 우리를 맞아 준다. 힘들 때, 어려울 때, 외로울 때 반려견은 큰 대가를 바라지도 않고 우리의 곁을 지켜 준다. 보호자가 먼저 배신하지 않는 한 끝까지 함께 해 주는 고마운 존재이다.

반려견이 우리의 고통을 전적으로 감싸 주지는 못하지만, 우리의 곁에서 묵묵히 자리를 지켜 준다. 힘들 때 누군가가 곁에서 자리를 지켜 주는 것만으로도 상당한 위로가 된다는 사실은 우리가 모두 이미 경험을 통해 잘 알고 있는 사실이다. 그리고 이러한 사실은 역사를 통해서도 증명되는데, 역사 속 제법 유명한 일화 중 하나가 반려견 '팔라(Fala)'에 대한 것이다.

일본 군국주의자들이 야비하게 선전포고도 없이 하와이의 진주만을 기습 공격하면서 '태평양 전쟁(Pacific War)'은 시작되었다. 기습 공격에 대한 소식에 프랭클린 루즈벨트(Frankin Delano Roosevelt) 대통령은 일본 군국주의자들의 야만적인 행동에 대한 분노가 극에 달하게 된다. 언제나 그랬던 것처럼 반려견 팔라는 그의 곁을 묵묵히 지켜 줌으로써 루즈벨트 대통령에게 큰 위로를 주었다. 마이클 베이(Michael Benjamin Bay) 감독의 영화 〈진주만〉(Pearl Harbor, 2001)에서 루즈벨트 대통령이 항공모함 호넷호에서 둘리틀(James Harold Doolittle) 편대의 B-25 폭격기들이 이륙한 후 라디오 연설을 하는 장면에서 그와 함께 있던 반려견 팔라(Fala)[25]의 모습이 나온다.

---

25) 팔라는 검정색 스코티시 테리어(Scottish Terrier)이고, 프랭클린 루즈벨트 기념관에는 루즈벨트

또 대답은 없지만, 넋두리를 가장 잘 들어 주는 대상이기도 하다. 비록 사람의 언어를 알아듣지는 못해도 힘들 때 반려견에게 실컷 떠들고 나면 그것만으로도 힘이 난다. 보호자는 이 경우 서로 친구가 된다는 것은 언어라는 매개체가 없어도 가능하다는 사실에 경탄을 금치 못하게 될 것이다. 서로의 언어를 이해하고 있는 친구나 가족의 경우, 오히려 온전히 상대의 말에 집중해 주지 않는 경우가 있다는 것은 아이러니(irony)라 하겠다. 그리고 말실수를 하더라도 걱정이 없다. 다른 누군가에게 말이 전달될 일이 없기 때문이다.

반려견과 함께 산책하면 보호자도 신체가 건강해진다. 때론 귀찮아서 때론 날씨 때문에 건너뛰는 경우도 생기지만 반려견과 산책하는 일은 즐거운 일이다. 밤이든 낮이든 눈이 오나 비가 오나 언제든 거절하지 않고 함께 산책해 주는 반려견은 너무나 사랑스러운 존재들이다.

이상에서와같이 반려견이란 보호자에게 엄청난 기쁨과 위로를 주는 소중한 존재임을 알 수 있다. 그러나 반려견을 입양하는 이유가 오로지 보호자 자신만의 행복을 위한 것이라면 입양 후 보호자와 반려견 모두 불행해질 수도 있음을 기억해야 한다. 결혼한 커플이 결혼 후에도 각자의 행복만을 추구하고 상대의 필요를 등한시한다면 그런 결혼생활은 분명 오래가지 못할 것이다. 마찬가지로 반려견 입양에서도 보호자는 자신의 행복만을 추구해서는 안 된다. 그리고 보호자는 반려견에게 필요한 것을 채

대통령과 나란히 있는 팔라의 청동 동상이 있다.

워 주고 돌봐야 할 책임감을 가져야 한다.

고레에다 히로카즈(Koreeda Hirokazu) 감독의 영화 〈태풍이 지나가도〉(After the Storm, 2016)에서는 성숙하지 못한 아빠 '료타'에 대한 이야기가 그려진다. 료타가 자신만의 꿈을 좇아 가정을 소홀히 하면서 가족 모두가 행복해지지 못한 것처럼 보호자도 반려견 입양과 동시에 자신이 행복해질 것이라는 달콤한 꿈만을 좇을 때 행복해지기보다 오히려 불행해질 수 있다. 반려견의 존재는 보호자에게 더 없는 행복감도 주지만 반려견도 보호하고 돌봐야 하는 대상임을 망각하게 될 때 보호자와 반려견 모두가 불행해질 것이다.

반려견 한 마리를 기르는 데는 생각보다 많은 노력과 희생이 담보되어야 함을 보호자는 입양 전 다시 한번 생각해 봐야 한다.

어떤 연유로 반려견을 기르든 마지막까지 책임질 수 있다는 확신이 없다면 입양을 다시 한번 생각해 봐야 한다. 하루에만 약 250여 마리[26]의 반려견이 버려지고 있고 특히나 명절과 휴가철만 지나면 유기견이 급속도로 증가한다고 한다. 참으로 안타까운 현실이다.

해마다 늘어나는 유기견들이 새로운 보호자를 만난다면 다행이지만, 그렇지 못한 경우에는 대부분 안락사로 생을 마감한다. 너무나도 슬픈 상황이다. 어떤 일이 있어도 끝까지 책임질 자신이 없다면 절대 분양받지 말기를 바란다. 경험상 반려

건강하고 잘 놀 때는 한없이 사랑스러운 존재지만 병이 들어 반려견을 돌봐야 할 경우, 보호자는 의외로 생각보다 심한 스트레스를 받을 수 있다.

견을 키우고 돌보는 것은 5세 전후의 아이를 키우는 노력과 비슷한 수고와 책임감이 요구된다.

하지만 책임을 질 수 있다는 확신이 있다면 반려견을 꼭 길러 보기를 권한다. 다른 동물에게서는 느낄 수 없는 교감 그리고 반려견과 함께 쌓아올리는 추억들은 다른 어떤 것보다 값질 것이다. 어떤 상황에서든 내 편이 되어 주는 그들은 당신의 영원한 지지자이자 열성 팬이며 삶의 원동력

---

26) 농림축산식품부 농림축산검역본부에서 발표한 〈2018년 반려동물 보호·복지 실태조사 결과〉에 따르면 2018년 구조·보호된 유기·유실 동물은 12만 1077마리로, 이 중 개가 75.8%를 차지했다. 따라서 이 책에서 추정한 유기견 숫자인 250여 마리는 구조·보호된 유기·유실견의 숫자이며, 통계에 잡히지 않은 유기견도 있을 것이므로 실제로 버려지는 반려견 수는 이보다 많을 것으로 추정된다.

이 될 것이다.

입양에 알맞은 반려견의 연령

반려견을 키우기로 했다면 고려해야 할 것들은 무엇이 있을까? 맨 먼저 결정하게 되는 것이 견종의 선택일 것이다. 보호자가 선호하는 견종이 최우선일 것이고 당대에 인기가 있는 견종, 흔히 말하는 대세(大勢)인 견종이 그다음으로 선택될 것이다. 견종이 선택되면 다음으로는 연령이 고려되어야 할 것임에도 의외로 반려견의 연령을 간과하는 모습을 주변에서 흔히 볼 수 있다.

펫숍(pet-shop)에 가보면 유독 어린 강아지의 모습이 많이 관찰된다. 입양을 기다리는 이 작은 강아지들은 대부분 유리 막으로 다른 강아지와 단절된 채 각자의 방에서 혼자 놀고 있다. 과연 저렇게 어린 강아지들이 어미 개의 품을 떠나서 혼자 지내며 동배들(siblings) 즉 형제·자매·남매견들과 격리된 채 입양되기 전까지 홀로 보내게 되는 시간이 어린 강아지에게 어떤 정신적인 스트레스를 만들지는 않는지 걱정하는 사람은 간혹 보일 뿐이다. 우선 예쁜 모습에 넋을 잃고 보고 있는 우리들의 모습은 어찌 보면 어쩔 수 없는 일이긴 하다. "자식은 3살까지 효도를 다 한다"라는 말이 괜히 나온 말은 아닌 것처럼 강아지도 어릴수록 더 예쁘고 귀엽기 때문에 이때의 모습이 보호자에게 평생 기억되기 마련이다.

어릴 적 감동적으로 보았던 애니메이션 '엄마 찾아 삼만리'에서처럼 어린 마르코는 그리운 엄마를 찾아가기 위해 그 먼 길을 가는 데 주저함이 없었다. 아이에게 엄마라는 존재는 옆에 있다는 존재만으로도 아이의 정서에 상당히 긍정적인 영향을 주는 것처럼 어린 강아지들도 어미 개, 동배들과 좋은 추억을 많이 쌓을수록 정신적으로나 육체적으로 건강해지기 마련이다.

강아지 때 어미 개와 동배들과 함께 생활해 보지 못하고, 태어나서 너무 일찍 형제·자매 견들과 신체적 접촉이 단절된다면 사회성이 부족한 개로 성장할 가능성이 커진다. 이는 동배들과 함께 지내며 서로 쫓아다니기, 젖먹을 때 경쟁하기 등을 통해 사회성을 기를 기회가 박탈되었기 때문이다.

형제·자매견들 뿐만 아니라 어미 개와도 일찍 떨어져 나온 강아지들도 개로서 살아가는 매너를 배울 기회가 제한될 것임은 자명하다. 강아지에게 가장 좋은 선생님은 어미 개이다. 강아지는 어미 개와 함께 있으면서 불안감을 떨쳐 버릴 수 있고 강아지들의 잘못된 행동은 그 자리에서 즉각

어린 강아지일수록 형제·자매 견들과 어울려 지내는 시간이 중요하다.

적으로 어미 개가 교정(correction)을 해 줄 수 있어 무리 내에서 어떤 행동은 해도 되는지 그리고 또 어떤 행동은 하면 안 되는지를 자연스럽게 배울 수 있다. 이때 어미 개에게 강아지가 혼이 나더라도 그렇게 큰 정신적 충격(trauma)을 받지 않는다. 이는 학습의 자연스러운 과정이기 때문에 강아지들은 어미 개의 이런 행동들을 잘 받아들인다.

현재와 같은 분양 환경이 강아지에게 우호적이라 보기는 어렵다. 동물복지, 그중에서 개 복지와 관련된 우리 사회의 논의는 이른바 보신탕 반대 운동과 유기견 보호 측면에만 경도된 듯하다. 그러나 이제 어린 강아지를 배려하고 보호하려는 보호자가 늘고 있는 현실에서 생후 60일[27]까지, 조금 더 욕심을 낸다면 생후 90일까지는 어미 개와 함께, 어미 개와 함

27) 과거에는 생후 30일 전후의 강아지를 분양하는 경우도 흔했다.

께 있을 수 없다면 최소한 동배들(형제·자매견들)과 함께 보낼 수 있도록 우리 모두 배려해 주면 어떨까?

지지도 볶더라도 역시 동배들과 미운 정, 고운 정을 나누다 보면 사회성은 자연스럽게 발달한다.

반려견 입양 시 고려사항

반려견을 입양하기로 마음을 먹은 예비 보호자들은 반려견 맞을 준비를 해야 한다. 짧게는 10년을 함께 해야 하는데 준비에 소홀함이 있어서는 안 될 것이다. 반려견은 반려견만의 삶의 방식이 있으며, 그들의 삶의 방식을 이해하지 못한다면 보호자와 반려견이 함께 살아가는 동안 서로가 스트레스를 받을 것이다.

1. 개집

의아하게 들리겠지만 반려견을 키우는 가정에 의외로 개집이 없는 경우가 많다. 집은 쉼터와는 전혀 다른 개념이다. 야생의 개들을 생각해 보면 쉽게 이해할 수 있다. 야생에서 개들은 은신처를 마련하기 위해 대체로 굴(cave)을 판다. 개들은 땅굴을 파거나 근처에 버려진 동굴을 찾아 굴속에서 휴식을 취한다. 잠을 잘 때는 상위 포식자 등 각종 위험에 노출되기 때문에 굴을 파서 그곳에서 자거나 동굴을 찾아 안전이 확보된 것을 확인한 후 자려고 한다. 강아지들이 구석진 곳 또는 침대나 소파 밑을 파고드는 행동을 본 적이 있을 것이다. 이는 안전을 보호받으려는 개의 본능이다. 굴을 팔 수 없기에 어둑하고 깊은 곳으로 파고드는 것이다. 그러므로 반려견을 기르려고 마음먹었다면 반드시 개들이 인정할 수 있는 개집을 준비해야 한다.

집이 없으면 반려견은 불안함을 다른 곳에서 해소하려 할 것이고 이는 문제행동으로 나타날 수 있다. "집이 있는데 집에 들어가지를 않는다"라고 보호자가 하소연하는 경우는 대부분 반려견은 보호자가 집이라고 생각하는 장소를 반려견이 자신의 집으로 인식하지 못하는 경우이다. 사방이 뚫려 있는 방석을 보호자는 집이라고 생각하고 방석에서 생활하기를 원하지만, 반려견은 자신의 몸이 은폐되지 않고 사방이 뚫려 있는 방석을 도저히 집이라고 받아들이기가 쉽지 않은 것이다. 개들에게 있어 집이란 외부로부터 자신을 보호할 수 있도록 몸을 은폐할 수 있고 외부 침입에도 안전하다고 느낄 수 있는 정도의 조건이 갖춰져야만 한다. 이런 집에서 생활하고 싶은 반려견의 마음을 보호자들은 인정해 줘야 한다.

방석은 잠시 쉬는 곳으로만 사용하자. 반려견에게는 개집이
꼭 필요하다.

사람의 경우도 집에서 가장 큰 면적을 차지하고 있는 거실에
서 자는 것은 어딘지 모르게 불편한 것처럼 반려견도 사방이
뚫려 있는 장소에서 안정감을 느끼기 어렵다.

개집은 천장이 있어야 하고 출입문이 있어 자신의 집이 외부
로부터 차단되어 있다는 느낌만 있다면 형태는 그다지 중요하
지 않으며 텐트 등도 개집으로 사용할 수 있다.

여행을 즐기는 보호자라면 이동식 켄넬[28](kennel)을 개집으로 사용하면 여행을 떠나게 될 때 반려견은 자신이 집으로 이용하던 켄넬을 그대로 사용하게 되므로 반려견에게는 친숙함을 보호자에게는 경제적 이익을 주는 일석이조(一石二鳥)의 효과를 볼 수 있다.

의외로 보호자들은 사진과 같은 켄넬을 개집으로 사용하기를 꺼리는 경우가 종종 있는데 반려견의 몸집에 맞는 켄넬을 개집으로 선택하는 것은 좋은 대안이다.

---

28) 크레이트(Crate) 라고 부르는 경우도 있다.

2. 배변 문제(defecation & urination)

예쁘고 사랑스럽지만, 반려견이 배변을 못 가리는 배변 문제[29]만큼 힘든 게 없다. 돌아서면 청소해야 하고 여기저기 실수하면 집안은 반려견의 배변 냄새로 가득해진다. 실제로 배변을 못 해서 버려지는 반려견들도 상당한 비중을 차지하고 있으며, 문제행동 중 가장 흔한 경우가 지정된 배변 장소가 아닌 곳에 여기저기 배변을 하는 것이다. 반려견의 배변은 입양 후 집에 오는 즉시 가르쳐야 하고 이를 위해서는 반려견이 편안하게 배변을 할 수 있도록 배변 장소를 만들어 줘야 한다.

하지만 일부 보호자들은 배변 패드 몇 장을 바닥에 깔아 놓고 반려견이 배변 패드를 알아보고 배변하고 싶을 때 바닥에 깔린 배변 패드 중 하나에 가서 배변해 줄 것으로 착각을 한다. 그런 착각은 반려견의 배변 실수를 연속적으로 일으키며 반려견의 연속적인 배변 실수는 보호자를 분노케 할 것이다.

반려견이 배변 실수를 하지 않기 위해서는 반려견이 어떤 곳을 배변에 적합하다고 여기는지를 알아야 한다. 반려견은 냄새가 풍부한 곳을 선호한다. 반려견은 '다공성(porous, 多孔性) 표면'이라고 하는 공기를 많이 머금은 바닥에 배변하는 것을 즐긴다. 그렇기 때문에 실내보다는 냄새가 풍

---

29) 배변(defecation) 문제는 엄밀한 의미에서는 대변 활동만을 지칭하지만, 이 책에서는 대변 문제뿐만 아니라 배뇨(urination) 문제 전체를 포괄하는 의미로 사용하였다. 따라서 배변 문제는 대·소변 문제 모두를 얘기하는 것이다.

부한 야외에서 배변하는 것을 더 선호하게 된다. 특히 냄새가 풍부한 풀숲이나 잔디에서 배변하는 것을 실내에서 배변하는 것보다 좋아한다.

다만 그렇다 하더라도 야외 배변에 반려견이 습관을 들이게 되면 야외 배변을 선호하게 되어 배변을 위해 잦은 외출을 해야 하므로 번거로울 수 있는 단점이 있다. 시간적 여유가 많은 사람은 야외 배변을 추천하며, 그렇지 못한 사람은 배변 패드나 배변판을 적극적으로 활용하여 반려견에게 배변 장소를 인지시키면 된다.

자신들의 눈앞에 놓여 있는 하얀색 패드가 배변 패드임을 반려견에게 인식시켜 주는 것이 배변 훈련의 첫 단계이다.

배변 문제가 고쳐지지 않아 심각한 문제로 치닫는 경우가 종종 있다. 이 경우 반려견은 유독 실수한 배변에 대해서만 반복적으로 혼났거나 방치되었기 때문이다. 반려견과 보호자가 함께 지내는 공간 중에서 반려견이 어디서 잠을 자고 어떤 곳에서 배변해야 하는지 전혀 모르는 상태에서 보호자가 계속 혼만 내면 배변하는 것 자체를 두려워할 수도 있다. 배변 패드 몇 장을 사서 바닥에 깔아 놓고 거기서 끝내면 배변 훈련을 성공적으로 마무리 지을 수 없다. 보호자는 바닥에 깔린 하얀색 패드가 배변 패드라는 것을 알지만 반려견은 그것이 배변 패드인지 새로운 장난감인지 알 수 없다. 심지어 종종 배변 패드를 물어뜯고 놀다가 보호자에게 혼나는 모습도 연출될 수 있다. 앞에서 설명했듯 배변 훈련은 집안에서 보호자와 반려견이 공존할 수 있게 해 주는 규칙이며 이 규칙을 보호자가 정한 이상 반려견의 리더로서 책임감을 느끼고 반려견에게 배변 패드 사용법을 알려 주어야 한다.

배변 패드 사용법을 알려 주면 의외로 쉽게 반려견이 배변 패드에 적응함을 알 수 있다.

방법은 의외로 쉽다. 배변 패드에 사료를 놓는다든지 평소 반려견이 좋아하는 것들을 가져다 놓아서 반려견이 배변 패드에 자연스럽게 올라가 머물 수 있도록 조금씩 적응을 시켜 나가면 이내 배변을 자연스럽게 한다. 초기에는 배변 패드를 반려견 휴식 공간에서 가까운 곳에 설치하되 가급적 넓게 형성해 두면 배변 훈련을 조기에 마칠 수 있게 된다. 배변 훈련 초기에는 배변 패드를 아끼지 말고 과할 정도로 넓게 형성해 주자. 그리고 요즘 나오는 배변 패드는 반려견의 배변을 유도하는 냄새들을 포함하고 있어 배변 패드에 반려견을 자연스럽게 머물게 할 수 있게만 한다면 배변 훈련도 그리 어렵지 않게 성공할 수 있다.

3. 의도치 않게 반려견의 공격성을 키우지 말자

반려견의 입은 다양한 역할을 한다. 개의 입은 음식을 섭취하는 1차 소화 기관의 역할이 가장 크다. 하지만 물건을 운반하는 역할도 하므로 어린 강아지들은 입에 아무것이나 닥치는 대로 물고 다니기도 한다. 특히 보호자가 반려견이 먹지 않기를 바라거나 갖고 놀기를 원하지 않는 물건, 또는 반려견에게 좋지 않을 수 있는 음식을 입에 물고 있을 때면 보호자들은 황급하게 강아지의 입에 있는 음식이나 물건을 강제로 제거해 버리는 상황이 종종 발생한다.

나뭇가지를 입에 넣고 씹는다고 곧바로 삼키는 것은 아니다. 이가 간질간질해서 씹을 무엇인가가 필요했거나 심심해서 껌 대용으로 나뭇가지가 필요한 반려견에게서 보호자가 나뭇가지를 먹는 줄 알고 성급히 제거하게 되면 다음에는 뺏기지 않으려고 방어 자세를 취할 수도 있다.

하지만 이런 상황이 계속 반복되면 그 강아지는 굉장히 폐쇄적이고 공격적인 성향의 반려견으로 성장할 가능성이 커진다. 위와 같은 상황은 반려견의 시각에서는 자신을 도와준 것이라 보기 어려우며 오히려 자신의 것을 보호자가 강제로 빼앗은 상황으로 판단한다. 이와 비슷한 상황에 놓이게 되면 방어 자세를 취하거나 보호자의 접근에 경계하게 되며 차후에 보호자를 물어 버리는 상황까지 가게 된다. 공격적인 성향을 보이는 반려견들 중 보호자를 공격하는 경우는 위와 같은 경험을 많이 한 반려견에게서 주로 나타난다.

이런 문제를 만들지 않기 위해서 보호자는 항상 반려견이 입에 무엇인가를 항상 넣을 수 있다는 생각을 가져야 할 것이다. 또 될 수 있으면 바닥에 반려견이 관심을 가질 만한 물건이 없는지 확인해 보고 아무것도 없는 상태를 유지하는 것이 좋다. 혹시라도 보호자가 한발 늦어 반려견이 이미 입에 물고 있다면 빠르게 그런 것들을 포기하는 훈련을 평소에 시켜 놓아야 한다.

이를 위해서 보호자의 손이 쉽게 닿을 수 있는 곳에 강아지가 좋아하는 간식이나 장난감을 비치해 둬서 반려견이 입에 물고 있는 것과 간식 혹은 장난감을 서로 교환(exchange)하도록 하면 되겠다. '교환'은 반려견이 현재 입에 물고 있는 것보다 보호자가 가지고 있는 것이 더 좋은 것임을 반려견에게 인식시켜 주기만 하면 된다. 교환은 반려견이 스스로 본인 입의 물건 또는 음식을 포기하는 자발적인 의사 표현이므로 교환으로 인한 반려견의 정신적 타격이 없다는 장점이 있다. 교환하기 힘든 상황이라면 입에 있는 것을 강제로 제거하려 하지 말고 반려견을 안아 올려서 자연스럽게 회수하면 된다.

반려견 트레이닝은 언제부터 하는 것이 좋은가?

반려견 트레이닝은 언제 해도 무방하다는 것이 우리 생각이다. 다만 1살이 되기 전까지는 트레이닝을 시작하는 것이 좋고 예절교육 같은 간단한 트레이닝은 입양 후 집에 온 이후부터 꾸준히 하는 것이 좋다. 다만 생후 4개월 정도까지의 강아지는 유치가 발달하고 영구치가 나오기까지 시간이 걸리는 데 이 시기 유치는 송곳처럼 뾰족하다. 유치가 있는 상태에서 트레이닝을 하게 되면 보호자는 뜻하지 않게 손을 물리거나 다치게 될수 있으므로 이 점을 고려해서 약하게 트레이닝을 하면 된다.

어린 강아지의 유치는 생각보다 날카롭다.

결정적 시기(critical period) vs. 민감기(sensitive period)[30]

결정적 시기(critical period)[31]라는 용어는 반려견 트레이닝에 있어 결정적 시기라는 특정 기간을 놓치면 트레이닝이 불가능할 것 같은 공포감을 준다. '결정적 시기(critical period)'라는 용어가 만들어진 계기는 현대 동물행동학(ethology)의 초석을 마련한 콘라드 로렌츠(Konard Lorenz)의 각인이론(imprinting theory) 때문이다.

국립국어원 표준국어대사전에서는 각인(imprinting, 刻印)을 "태어난 지 얼마 안 되는 한정된 시기에 습득하여 영속성을 가지게 되는 행동을 이른다"라고 설명하고 있다. 각인이라는 단어는 콘라드 로렌츠가 기러기[32] 새끼들이 알에서 부화된 후 처음으로 보는 대상을 어미라 생각하며 따라다니는 모습을 발견하면서 생겨났다. 그리고 실험 결과 각인은 특정 시기에만 발생하는 것으로 밝혀지면서 각인을 위한 특정한 시기, 곧 결정적 시기라는 것이 존재한다고 알려지게 되었다. 그 이후 결정적 시기라는 것이 존재한다면 '과연 결정적 시기는 구체적으로 언제인가'를 연구하는 다양한 논의들이 시작되었다.

'반려견 트레이닝에서도 분명 각인이 될 만한 특정 시점에 트레이닝을

---

30) Laura E. Berk, 이종숙·신은수·안선희·이경옥 옮김, 《아동 발달》(제9판), 시그마프레스, 2015, 제1장 중 동물행동학과 진화론적 발달심리학 p. 22-23 참고
31) 결정적 시기를 결정기, 민감기를 민감한 시기로 혼용하여 사용하기도 한다.
32) 문헌에 따라서는 거위로 나오는 경우도 있다.

해야만 올바른 반려견으로 성장할 수 있지 않을까'라는 의문이 들 수 있다. 실제로 이러한 노력도 기울여진 것으로 보인다. 몇몇 동물행동학자(Behaviorists)들과 반려견 전문 훈련사들은 개 학습에 있어 결정적인 시기가 존재한다고 생각하고 있으며 그 시기를 연구하기도 했다.

이러한 논의는 모두 반려견을 좀 더 과학적이고 체계적으로 키우려는 사람들의 노력이라고 보이지만, 이 결정적 시기를 너무 교조적으로 적용하는 것은 옳지 못하다. 사람도 발달이 조금 빠를 수도 있고 느릴 수도 있지 않은가! 육아 사전에 나와 있는 개월 별 발달 과정과 딱 맞아 떨어지게 성장을 하는 아기도 있겠지만 그렇지 않은 경우도 흔히 있는 것처럼 말이다.

결정적 시기라는 용어가 주는 중요성과 명확성과 비교해 그 시기를 놓쳐서는 안 된다는 강박 관념 같은 것이 생길 수 있어 최근에는 민감기라는 용어가 더 적절하다는 목소리가 높아지고 있다. 즉, 민감기로 알려진 유견[33] 때부터 반려견 트레이닝을 하면 분명 좋은 모습이 나오는 것은 사실이고, 반려견이 고급 트레이닝으로 넘어가기 위해서는 트레이닝 시점을 유견 때부터 시작해야 한다는 주장은 어느 정도 설득력이 있다. 하지만 결정적 시기가 언제인지를 찾으려는 노력은 불필요하다.

그리고 보호자에게 중요한 것은 결정적 시기가 언제인지 그리고 민감

---

33) 유견은 보통 생후 6개월까지의 강아지를 이르며 흔히 '자견'이라고도 불린다. 유견과 자견의 기준은 분류자마다 조금씩 차이가 있다.

기는 또 언제인지를 찾으려는 노력보다 반려견의 발육 및 주변 환경 적응도를 파악하여 트레이닝 시기를 결정한 후 트레이닝을 시작하는 것이다.

그리고 설사 특정한 시기가 어떤 연구자에 의해 결정된다고 하더라도 개별 견종에 따라 차이가 있을 수밖에 없어 모든 반려견에게 일률적으로 적용하기가 어려울 것이다. 따라서 특정 시기에 너무 집착할 필요는 없다. 다만 그렇다고 고의로 트레이닝을 늦게 하는 것은 좋지 못하다. 입양 후 반려견이 생활환경에 적응했다고 판단될 무렵부터 조금씩 단계적으로 시작하거나 입양 후 식사 시간을 이용해 간단한 트레이닝부터 시작하면 좋은 성과를 보일 것이다.

시기만큼이나 반려견의 환경 적응과 보호자와의 친화(교감)도 반려견 트레이닝에 있어서 간과되어서는 안 될 요소이다.

행동풍부화로 반려견 정신 건강 챙기기
(정형행동 발생 방지를 위한 조치)

반려견은 배가 고프면 밥을 먹고, 먹은 밥은 대변이 되어 나온다. 그리고 아침에 일어나 하루를 시작하고 트레이닝도 하고 잠을 잘 때까지 심지어 잠을 잘 때도 쉼 없이 움직이는데 이러한 모든 움직임을 '행동(behavior)'이라고 한다. 언뜻 보면 많은 활동을 하는 것처럼 보이지만 보호자와 함께 실내 생활을 주로 하는 반려견은 의외로 다양한 행동을 해 보는 기회가 많지 않다. 동물행동학(ethology)에서는 동물들의 행동을 여러 가지 관점으로 접근하여 동물들의 행동에 담긴 의미를 찾기도 한다. 그럼 왜 동물행동학에서는 다양한 접근방식으로 동물들의 행동에 대한 답을 찾을까? 그 이유는 접근방식에 따라 고유한 테마를 가지고 있기 때문이다.

예를 들어 야생에서 동물들이 먹이를 구하는 행동에 대한 연구는 단순히 사냥 행동 연구로 그치는 것이 아니라 그들의 생존 전략 및 환경 적응력까지도 설명해 줄 수 있다.

이처럼 반려견의 행동 하나에는 하나 이상의 의미가 담겨 있다. 새로운 행동을 더 하는 것은 반려견으로 하여금 환경적응력을 높일 수 있다. 또 반려견에게 꼭 필요한 행동이지만 그런 행동을 하지 못해 스트레스를 받고 있었다면 스트레스를 줄여줄 수도 있다.

원 스텝 트레이닝으로 처음 경험하는 엘리베이터 타기를 도전해 보자.

반려견 행동풍부화(behavioral enrichment)란 말 그대로 반려견이 이것저것 다채로운 행동을 할 수 있게 해 주는 트레이닝이다. 반려견 행동풍부화는 단순히 반려견의 경험을 넓히고 환경 적응력을 향상해 주는 것뿐만 아니라 문제행동 예방에서도 꼭 필요한 조치이다. 반려견의 몇몇 이상행동들은 의외로 간과되는 경우가 많다. 이렇게 간과되어 버린 행동들은 향후 상동(정형)행동(Stereotyped behavior)과 같은 이상행동으로 발전하게 된다. 예를 들어 반려견이 '자기 꼬리 쫓기' 행동이 처음에 나타났을 때 그저 장난치는 것으로만 여겨질 수 있고 상동행동으로까지 발전한 반려견의 문제행동은 교정이 쉽지 않다.

행동풍부화가 가장 활발하게 시행되는 있는 곳은 동물원이다. 동물원에서는 '우리(cage)'라는 좁은 공간에서 살면서 사육사들이 주는 먹이만 먹게 되는 동물들에게 야생에서 하던 행동들을 깨우쳐 주고 그럼으로써 동물원이라는 인위적인 공간에서 발생하는 많은 스트레스를 해소할 목적으로 행동풍부화를 실시한다. 또 행동풍부화를 통해 동물들의 문제행동이 발생하지 않도록 한다.

산책 시 새로운 장소에 가는 것을 반려견이 낯설어한다는 이유로 만날 똑같은 코스로만 가는 것은 좋지 않다. 환경풍부화를 위해 편의점 등 반려견이 신기해하는 물건들이 있는 장소에도 들어가 보자.

반려견의 경우 코를 써서 냄새를 찾아가는 행동풍부화를 대표적으로 고려해 볼 수 있다. 개니까 당연히 후각이 발달했으니 코를 잘 쓴다고 생각하기 쉬운데 냄새를 추적해 먹이를 구하던 야생과 달리 집에서 보호자가 주는 식사에 적응한 반려견은 코를 써서 냄새를 맡는 행동을 어색하게 여기는 경우가 제법 있다. 코를 사용하지 않은 결과다. 코를 쓰게 하기 위해서는 사료를 줄 때 사료를 숨기거나 흩어 놓아 사료 냄새를 맡고 찾아갈 수 있도록 하면 된다.

또 반려견이 자라는 환경은 반려견의 성격을 형성하는 데 아주 중요한 역할을 한다. 이 책에서는 행동풍부화 개념 속에 환경풍부화의 과정도 포함 시켰고 환경풍부화를 사회화 훈련[34]과 동일한 의미로 사용하였다. 좁고 답답한 환경에서 자란 반려견보다 넓고 편안한 환경에서 자란 반려견이 운동 능력, 학습 능력, 건강 등 대부분의 능력치가 뛰어나다. 이는 좋은 환경에서 오는 환경의 풍요로움이 반려견의 시냅스(synapse)를 더욱 발달시키기 때문이다. 시냅스가 발달할수록 반려견의 학습 능력은 우수해진다. 보호자에게 비록 귀찮게 여겨질 수도 있는 반려견 행동 풍부화는 당신의 반려견을 좀 더 똑똑하게 만들어 준다. 또 어떠한 환경에서도 주눅 들지 않고 당당하며 자신감 넘치는 반려견으로 만들어 줄 것이다. 그리고 무엇보다 정형행동 예방에 도움을 주는 만큼 새로운 환경에 노출되는 것을 부담스러워해서는 안 되겠다.

사냥 본능이 상대적으로 작은 견종에게도 장난 감을 이용한 놀이훈련은 반려견의 정서 향상을 위해서 필요하다.

---

34) 사회화 훈련은 정의하는 방식에 따라 차이는 있지만, 이 책에서는 사회화 훈련을 모든 환경(실내, 실외)에 대한 적응력 훈련으로 간주한다. 예를 들어 계단을 처음 접해 보는 반려견에게 '계단 오르내리기', 엘리베이터(E/L) 타기를 어색해하는 반려견에게 '엘리베이터(E/L) 타기' 훈련 등 반려견이 처음 접해 보거나 어색해하는 모든 환경에 대한 적응력 훈련은 모두 사회화 훈련으로 분류하였다.

제 4 장

사료(kibbles)

어떤 사료가 좋은 사료인가?

보통 사료에 관한 보호자들의 고민은 로얄캐닌이 좋은지, 퓨리나가 좋은지 등등 특정 브랜드의 특정 제품이 어떤지에 대한 것이 대부분이다. 이는 어떤 사료를 반려견에 급식하느냐에 따라 체중 관리 및 건강유지 그리고 향후 노화에 따른 각종 질병을 예방할 수 있다는 공감대에서 비롯된 것으로 생각되며 그만큼 사료의 선택은 중요하다.[35]

---

35) 이 책은 사료를 이용한 트레이닝을 목표로 하므로 트레이닝에 적합하지 않은 홈 메이드(home-made) 사료는 제외했으니, 홈 메이드 사료에 애정을 가진 보호자들에게 널리 양해를 구한다.

그렇다면 이렇게 중요한 사료를 어떻게 결정할 것인가? 결론은 아쉽게도 특정 사료가 가장 좋다고 말할 수 없다는 것이다. 왜냐하면 반려견마다 사료 급식에 따른 소화 흡수율이 다를 수 있고 배변에서 문제가 생길 수도 있기 때문이다. 래브라도 리트리버에게 래브라도 리트리버 전용 사료를 급식해도 설사가 나는 경우도 있었다.

특정 브랜드의 특정 제품이 단백질이나 지방 함유 등 모든 면에서 우수하다는 이유로 보호자가 사료를 선택하더라도 반려견에게 맞지 않는 경우가 생길 수 있다. 관세청 소속 탐지견훈련센터 훈련계장 박창열이 2008년 발표한 〈탐지견 양성에 있어 한·미간의 비교연구〉 논문에 따르면 특정 브랜드의 사료를 선택하더라도 개체별 배변 상태나 소화 흡수율이 다를 수 있다고 한다.

"특히 똑같은 사료를 급여하였는데도 어떤 개체는 배변 상태가 좋은가 하면, 어떤 개체는 암갈색이면서 약간의 점액성 배변을 하는 경우도 있고, 어떤 개체는 설사와 비슷한 배변을 하는 경우도 있었다. 또한 소화 흡수율에도 차이가 나는 경우도 있었다. [36]"

만약 특정 사료로 정했다면 약 일주일 정도 급식해 보고 배변 상태에도 문제가 없다면 구매한 사료 포장지에 나와 있는 급식량을 급여한 후 체중

---

36) 박창열(2008), 〈탐지견 양성에 있어 한·미간의 비교연구〉, 건국대학교 대학원 석사 논문, p.21 이 논문은 미국 어반 대학교와 한국 관세청의 탐지견 양성 방법을 비교 연구한 것이다. 참고로 미국 어반 대학교는 탐지견 양성 분야에서 세계 최고의 실력을 인정받고 있는 대학 중 한 곳이다.

이 느는지 주는지를 확인하면서 급식량의 증감을 결정하면 된다.

좋은 사료를 급식했는데도 설사를 하거나[37] 먹기를 부담스러워하면 좋은 걸 줬는데도 반려견이 몰라준다고 속상해하지 말자. 위와 같은 방법으로 변경한 사료를 줘서 소화가 잘되고 반려견이 먹었을 때 좋아하면 그 사료가 당신의 반려견에게 가장 좋은 사료가 된다. 주변 지인분이나 인터넷 등에서 추천하는 사료는 하나의 참고 자료일 뿐이다. 물론 이 책에서 사용하고 있는 트레이닝에 적합한 사료 또한 절대적인 것은 아니다.

사료의 종류(건식 사료, 습식 사료)[38]

1) 건식 사료

시판되는 사료들은 수분 함유 여부에 따라 건식과 습식 사료 두 종류가 있고, 반건조 사료[39]를 포함할 경우 세 종류의 사료가 판매되고 있다. 건식 사료는 상온에서 보관할 수 있기 때문에 사용이 용이하다. 그리고 닭고기 등 육류를 골고루 섞어 단백질 공급 함량을 높이고 소화가 잘되게 쌀, 조 등 곡물을 넣어 반려견의 배변이 용이할 수 있도록 만든 사료다. 게

---

37) 바뀐 사료로 급식 시 설사 증상이 있다면 사료 교체 시 새로 교체한 사료로만 급식하지 말고 기존 사료와 새로운 사료를 섞어 주되 단계적으로 기존 사료를 줄여나가는 방법을 사용하면 좋다.
38) 뉴스킷 수도사들, 김윤정 옮김, 《뉴스킷 수도원의 강아지들》, 바다출판사, 2014, p.300~305 참고
39) 반 건조 사료는 고기를 말린 형태인데, 육포와 비슷하다.

다가 영양의 밸런스까지 고려했다는 장점이 있어 건식 사료가 반려견 식
사용으로 많이 사용되고 있다.

건식 사료는 견종별 전용사료가 나오므로 보호자의 사료 선택 고민을
덜어 준다.

제품명	엑스스몰 어덜트8+
사료의 성분등록번호	EEGQ70120호
사료의 명칭 및 형태	애완 어른 개사료116호 / 익스투루전(팽화)
사용의 용도	생후 8년이상
등록성분량	조단백 22% 이상, 조지방 16% 이상, 칼슘 0.6% 이상, 인 0.4% 이상, 조섬유 2.7% 이하, 조회분 5.9% 이하, 수분 11% 이하
사용한 원료의 명칭	쌀, 옥수수 분말, 육분(닭, 오리, 칠면조), 동물성 지방(가금, 돼지), 옥수수, 옥수수 글루텐, 동물성 유도단백질(가금, 어류), 밀 글루텐, 치커리 추출물, 혼합광물질류 합제, 대두유, 어유, 효모, 차전자피, 프락토올리고당, 보리지유, 금잔화 추출물(루테인의 원료), 비타민A, 비타민D3, 철, 요오드, 구리, 망간, 아연, 녹차 추출물(폴리페놀의 원료), 소르빈산칼륨, 항산화제
주의사항	애완동물용 사료(반추동물 급여금지), 직사광선이 닿는 장소 및 해충이 있는 장소를 피하여 서늘하고 건조한 장소에 보관하여 주십시오
유통기한	뒷면 하단에 표시(일/월/년 순서로 표기)

특정 연령에 필요한 영양 성분을 고려한 사료도 많이 나오므로 반려견
에게 알맞은 사료를 선택하면 되겠다.

또 건식 사료는 알맹이 형태로 되어 있어 식사 시 사료 알맹이들이 반려견 치아를 자극하여 치석 예방에도 효과가 있다. (이는 습식이나 반건조 사료와 비교하면 그렇다는 것이지 애석하게도 완전히 치석을 예방하지는 못한다) 그리고 건식 사료는 경제적이다. 사료 구매 비용은 변동비(variable cost)가 아니라 고정비(fixed cost)이다. 고정비라는 것은 매달 정해진 금액이 꾸준히 지출된다는 것이므로 보호자의 재정이 나빠진다고 해서 단번에 삭감할 수 있는 비용이 아닌 것이다. 그리고 최소 수년에 걸쳐 장기간 꾸준히 들어가는 비용인 만큼 건식 사료를 선택하는 것이 경제성 면에서 유리하다.

2) 습식 사료

습식 사료는 사실 보호자들에게 가장 고민이 되는 사료다. 왜냐하면 건식 사료만 급식하게 될 때 느끼는 반려견에 대한 미안함 때문에 습식 사료를 한 번씩 주고 싶어진다는 점이 건식 사료가 좋다고 해도 습식 사료가 여전히 매력적인 이유이다. 습식 사료는 수분을 포함하고 있어 주로 캔 또는 파우치에 들어있다.

습식 사료는 살코기가 온전히 보존되어 있어 육질을 느낄 수 있으며 캔을 따서 바로 줄 수 있기 때문에 위생적이다. 무엇보다도 급식했을 때 보호자가 느끼는 뿌듯함 때문에 매력적인 사료이다. 최근 한 반려견 사료 광고에서는 건식 사료에 습식 사료를 첨가해서 주라고 선전하기도 했다. 건식 사료만으로도 영양 섭취에는 문제가 없지만, 가끔 특식의 개념으로 건식 사료에 습식 사료를 섞어 주는 것은 가능하다.

습식 사료는 살코기가 들어 있어 매력적이며 급식 시 보호자가 느끼는 뿌듯함이 있어 상대적으로 단가가 높은 편임에도 여전히 선호되고 있다.

그러나 습식 사료만 고집할 경우 보호자에게는 경제적으로 부담이 될 수 있으며 무엇보다도 너무 부드러워서 반려견이 장기간 복용하게 되면 치석이 많이 생길 수 있다. 그리고 단단할 걸 씹으면서 풀 수 있는 생활 스트레스를 풀 수 없다는 단점이 있다.

급식량

급식량 또한 반려견별로 다를 수밖에 없다. 평균적인 것은 참고일뿐이다. 보호자의 역할이 다시 한번 강조되는 시점이다. 당신의 반려견은 하루에 얼마만큼을 먹는지 당신은 자신 있게 이야기할 수 있어야 한다. 당신의 반려견에게는 당신이 '제인 구달[40]'(Valerie Jane Goodall)'인 것이다. 그렇지 못했다면 오늘부터라도 반려견에게 하루 얼마의 급식량이 필요한지 확인해 보라.

　사람과 마찬가지로, 반려견도 한 끼를 많이 먹는 것보다 두 끼나 세 끼로 나눠 식사하는 것이 소화 측면에서 유리하다. 그러나 1인 가구의 직장인인 경우, 출근 전에 주거나 퇴근 후에 줄 수밖에 없는 상황이 자주 생길 것이므로 하루 한 끼(아침 또는 저녁)를 주는 것도 무방하다. (자율 급식은 끼니를 챙겨줄 수 없을 때 차선으로만 선택하자)

　적당한 급식량을 주고 있는지 확인하는 쉬운 방법은 반려견을 봤을 때 갈비뼈가 보이지 않으면서 배가 적당히 유선형이라면 알맞게 급식을 하고 있다고 보면 된다. 갈비뼈가 뚜렷이 보이는 상태라면 급식량이

잘 먹는 모습이 좋아서 정량보다 많은 사료를 주면 득보다 실이 많다.

부족한 경우이다. 잘 먹는다고 무조건 더 주면 과체중을 일으켜 비만이 되기 쉽다. 비만이 되면 각종 건강상의 문제도 발생한다. '과유불급(過猶不及)'이라고 하지 않는가! 넘치면 모자람만 못하게 되니 잘 먹는다고 하루 정량보다 더 줄 필요는 없다는 사실을 명심하자.

---

40) 침팬지에 관한 여러 가지 사실들을 밝혀낸 영국의 동물학자.

그리고 식사 시 좀 더 과학적인 급식량을 제공하고 싶은 보호자들은 농촌진흥청 국립축산과학원 '반려동물' 사이트에 나와 있는 '반려견 사료 열량 계산기[41]'를 이용하면 유용할 것이다. 반려견의 견종과 몸무게를 확인한 후 현재 급식하고 있는 사료의 영양 성분[42](조단백, 조지방 등)을 입력하면 일일 에너지 요구량과 일일 급식량을 친절하게 안내를 받을 수 있으니 이용하면 편리할 것이다.

반려견 사료 열량 계산기 실제 사용 장면 1
(견종을 선택하고 현재 체중을 적는다.)
사진 출처: 농촌진흥청 국립축산과학원 '반려동물'

---

41) 농촌진흥청에서는 반려견 사료 열량 계산기 이용 시 미국 AFFCO의 기준에 충족하는 완전 균형 건식 사료에만 적용할 것을 밝히고 있다.
42) 구매한 사료 포장용지 뒷면이나 옆면에 영양 성분이 적혀 있다.

반려견 사료 열량 계산기 실제 사용 장면 2
(급식하고 있는 사료의 영양 성분을 적으면 결괏값이 나온다.)
사진 출처: 농촌진흥청 국립축산과학원 '반려동물'

트레이닝용 사료는 어떤 것이 좋은가?

이 책에서 사용하는 트레이닝용 사료는 래브라도 리트리버 어덜트[43]
(Labrador Retriever Adult)용 사료이다. 특정 사료를 여기에서 소개하는
이유는 트레이닝 전에 적당한 보상물을 찾아야 하는 보호자의 수고를 덜
어 주기 위함이다. 보호자에게 적당한 보상물을 찾기가 어렵다는 점이 반
려견 트레이닝이 어려워지는 원인 중 하나다. 일반적인 반려견 훈련 관련
책자나 영상에서는 보상물 찾기가 대부분 추상적인 경우가 많기 때문에

---

43) 강아지가 있는 경우는 래브라도 리트리버 주니어를 사용하면 되겠다.

보호자들에게 혼란을 가져올 수 있기 때문이다.

반려견 트레이닝을 배우려는 보호자에게 소시지도 좋고 치즈도 좋으며 무엇이든 좋다는 일반론이 오히려 반려견 트레이닝을 전문으로 하지 않는 보호자의 보상물 선택에 혼선을 줄 수 있다.

보호자가 소시지나 치즈를 고른다 하더라도 하루 이틀 트레이닝 할 것도 아닌데 이런 고가의 간식을 반려견 트레이닝에 사용한다면 경제적인 문제 때문에 트레이닝을 중단하는 사태도 생기기 마련이다. 이런 이유로 이 책에서는 간식보다는 사료를 트레이닝용 보상물로 적극적으로 활용하고자 한다.

사료는 반려견 트레이닝에서 가장 적합한 보상물 중 하나이다. 반려견도 어차피 식사는 해야 하는데 식사용 사료를 트레이닝용 보상물로 대체하기만 하면 경제적인 문제에서도 벗어날 수 있다. 또 주식으로 트레이닝을 하므로 트레이닝의 연속성도 보장된다. 반려견도 트레이닝 때 먹은 사료로 배가 불러 추가적인 식사는 필요치 않게 되니 트레이닝 후 시원하고 깨끗한 물만 먹으면 그것으로 한 끼의 포만감을 충분히 누릴 수 있게 된다.

보호자들에게는 사료는 식사용으로만 사용해야 한다는 고정 관념이 있는 경우를 종종 보게 된다. 식사용 사료를 가지고 반려견 트레이닝에 쓴다는 것은 성의가 없어 보인다고 오해할 수도 있겠다. 하지만 반려견의 건강까지 생각한다면 보호자들의 생각 전환이 필요하다. 트레이닝용 보상물로 사용되는 치즈나 소시지 등을 자주 먹게 된다면 불필요한 나트륨 섭취가 늘 수 있다. 과도한 나트륨 섭취는 비만과 탈모를 불러올 수도 있다. 그리고 간식에 길들면 사료를 거부하는 부작용까지 나타날 수 있다. 따라서 일상이 바쁜 보호자들은 급식 시간이라고 따로 정해 놓기보다 산책 시간 동안 원 스텝 트레이닝을 하는 시간이 급식 시간이라 생각하고 사료를 주는 것이 좋다.

래브라도 리트리버 어덜트용 사료는 사진에서 보는 것처럼 전체 모양은 원통 모양에 사료 한가운데에 구멍이 나있어 씹었을 때 잘 부서지는 특성이 있다. 중형견 이상의 반려견의 트레이닝에는 매우 적합하며 소형견[44] 중 푸들(poodle)을 대상으로 사용해 본바, 역시 잘 씹어 먹었다. 그리고 보호자 입장에서도 손으로 잡기가 쉬운 크기라 사용하기가 편하다.

당신의 반려견이 비록 소형견 일지라도 이 사료를 사용해 본 후 씹어서 소화 시키는 것에 문제가 없다면 트레이닝용 사료로 이 사료를 사용해 보자. 다만 기존에 먹던 사료도 보호자가 손에 쥐는 데 불편함이 없고 원하는 타이밍에 보상을 줄 수 있다면 기존 사료로 트레이닝을 하여도 무방하다. 보통 사료의 크기가 1㎝ 이상이라면 손에 쥐기에는 불편함은 없을 것이다. 기존 사료의 크기가 1㎝보다 작은 크기의 사료라면 변경을 고려해

---

44) 견종 크기에 대한 분류는 분류 기관마다 약간씩 상이하다. 농촌진흥청 국립축산과학원에서는 소형견을 성견의 몸무게를 기준으로 하며 10㎏ 미만은 소형견으로 분류하고 있다.

볼 필요가 있다. 다만 사료를 교체하더라도 반려견이 사료를 씹어 먹는 데 시간이 너무 많이 소요되거나 반려견이 먹기를 거북스러워하는 모습을 보이면 트레이닝의 진도가 늦어지거나 진행이 되지 않게 되므로 씹어 먹는 속도와 기호성을 고려해 다른 사료로 대체할 수도 있다.

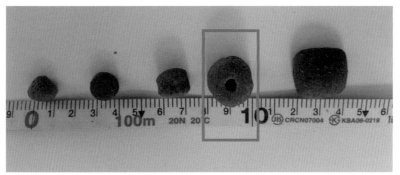

맨 왼쪽에 있는 것이 프로플랜 퍼포먼스(퓨리나), 그 다음 것이 맥시 주니어(로얄캐닌), 맥시 어덜트(로얄캐닌), 네 번째 있는 것이 래브라도 리트리버(로얄캐닌), 마지막에 있는 것은 골든 리트리버(로얄캐닌)이다. 사료를 추가로 구매하기가 부담스럽거나 지금 급식하고 있는 사료 크기가 보호자가 손에 쥐기에 불편함이 없다면 현재 급식하고 있는 사료를 사용해도 무방하다.

제 2 부

원 스텝 트레이닝
(One-step Training)
이론 편

원 스텝 트레이닝이란?

원 스텝 트레이닝(One-step Training)은 보호자가 한 걸음(왼발부터 시작)을 걸었을 때 반려견이 보호자의 스텝에 맞춰 한 걸음 걸은 후 보호자가 멈추었을 때 반려견도 따라 멈추고 '앉아' 자세를 취하는 연습이다. 그리고 이런 원 스텝 동작을 반려견이 이해하고 나면 나중에는 보호자가 가고 싶은 만큼 간 후 멈출 때 반려견이 보조를 맞춰 걷다가 그 자리에 '앉는 동작'을 익히는 트레이닝이다.

기존의 반려견 트레이닝은 국제 기준인 동반견 자격(Beleithunde

prüfung, BH)이나 미국의 CGC(canine good citizen) 자격 검증[45] 대비 성격으로 반려견이 앉아, 엎드려, 기다려, 서 등 몇 개의 동작을 능숙하게 할 수 있는지를 익히는 것에 집중되어 있었다. 이러한 트레이닝은 분명 필요하다. 보호자와 반려견 모두 뜻깊은 시간이 될 것이 틀림없다. 하지만 문제는 이런 동작들을 만드는 데에는 시간이 많이 소요된다. 대다수 보호자의 경우 전체적인 동작을 만들 수 있도록 트레이닝에 할애할 수 있는 시간이 제한적이다.

요즘 시대 반려견을 키우는 보호자들은 그만큼의 시간을 투자해서 반려견 트레이닝을 시키기가 어려운 게 현실이다. 맞벌이하는 보호자에게는 특히 그렇고, 1인 가구라 하더라도 직장에서 귀가한 후 녹초가 되어 버리기가 십상이다. 전업주부라 하더라도 시간이 없기는 마찬가지이다. 집에 있다 하더라도 육아며 설거지, 빨래, 집 안 청소 등 할 일이 태산같이 쌓여 있어 반려견 트레이닝에 관심은 있지만, 시간을 내기가 쉽지 않았다. 이처럼 트레이닝 시간 확보가 만만찮은 것이 반려견을 키우는 보호자들이 공통으로 겪고 있는 현실이다.

그래서 보호자들이 언제 어디서나 할 수 있도록 최대한 간단한 동작(사실 엄밀히 따지면 하나의 동작밖에 없다)인 원 스텝 트레이닝을 통해 보호자와 반려견 모두가 즐겁게 따라 하면서 트레이닝을 연습할 수 있도록 하였다.

---

45) 국내에서는 한국애견협회(KKC)와 한국애견연맹(KCI) 등에서 각자 가정견 관련 자격 검증을 하고 있어 규정이 조금씩 다르다.

원 스텝 트레이닝의 기원

'원 스텝 트레이닝'이란 용어를 사용하면서 하나의 완결된 트레이닝으로 정리한 것은 이 책이 최초다. 기존에는 힐링(heeling) 트레이닝[46] 즉, '따라' 트레이닝을 시키기 위한 기초 작업 정도로 인식되었고 지금도 힐링 트레이닝이 어느 정도 완성되면 대부분의 반려견 트레이닝은 다음 단계의 트레이닝으로 넘어가게 된다.

그러나 이 책에서는 이 원 스텝 동작이 하나의 완결된 트레이닝 방법이라고 생각하고 반려견 트레이닝에 필요한 과학적 원리를 원 스텝 트레이닝에 접목해 보호자들이 이해할 수 있게 하였다. 이런 이론적 바탕을 통해 반려견 트레이닝에 필요한 현실적인 요소들, 예를 들어 사료를 줘야 하는 타이밍, 사료를 쥐는 법 등을 단계적으로 적용할 수 있도록 체계화하였다.

특히나 반려견을 키우는 가정들은 대부분 도그런(강아지 운동장) 등 트레이닝 장소가 거의 없다. 아파트, 주택 등에서 거주하기 때문에 트레이닝을 하고 싶어도 마땅한 트레이닝 장소가 없어 트레이닝을 하지 못하는 경우가 많았다. 그래서 좁은 공간에서도 할 수 있는 적당한 트레이닝 방법이 필요하게 되었다. 장소는 어떻게 마련하였더라도 이번에는 트레이

---

46) 힐링(heeling)은 보호자가 이동 및 정지 시 반려견이 보호자 옆을 떠나지 않도록 하는 개 관련 훈련(가정견(CD), 동반견(BH) 등) 정식 과목이다. 국내에서는 '따라'라는 명령어를 많이 사용한다.

닝 시간이 마땅치 않은 것이 또 문제였다. 장소와 시간이라는 두 가지 장애물 모두를 한 번에 극복하기 위해 산책 시간이나 급식 시간에 간단히 할 수 있는 트레이닝 방법을 고안 중 '원 스텝 트레이닝' 만큼 좋은 것은 없다'라는 결론을 내리고 본격적으로 트레이닝 방법에 대한 체계화를 진행하게 되었다.

언제라도 반려견과 마음껏 뛰어놀 수 있는 도그런(dog run) 역할을 해주는 넓은 마당이 있는 집에서 사는 것은 모든 보호자의 로망(roman)일 것이다.

산책이 즐거워지는 원 스텝 트레이닝

반려견 산책이 즐거워지려면 보호자와 반려견 모두 산책도 규칙이 있는 운동임을 인식하는 것이 중요하다. 싸움과 격투기의 차이는 규칙이 있는가에 달려 있다. 싸움과 격투기는 외형 면에서 큰 차이가 없어 보인다. 그러나 그 속으로 들어가 보면 싸움에는 규칙이 없다. 오로지 이기기 위한 주먹다짐만이 존재한다. (싸움에는 지켜야 하는 원칙이 없으므로 반칙이라는 것도 존재하지 않는다) 격투기에는 허용되는 행동과 반칙으로 인정되는 행동이 명확하게 구분되어 있다. 또 격투기에는 승부를 위한 정확한 점수 채점 장치가 마련되어 있다.

반려견의 산책 또한 단순한 야외 활동이 아닌 운동이다. 반려견에게 산책이란 야외에서 신선한 공기를 쐬며 여기저기 흥미로운 냄새를 맡으면서 반려견이 그날 받았던 스트레스를 날려 버릴 기회를 만들어 준다. 그리고 온종일 집안에만 있었기에 자신의 운동량을 채우지 못해 사용하지 못한 그 날의 에너지를 한꺼번에 날릴 수 있는 아주 중요한 운동 시간이다. 산책을 통해 반려견은 정신과 육체가 건강해진다.

그러나 유감스럽게도 밖에 나갔다 왔다고 해서 무조건 산책으로써 효과가 있는 것은 아니다. 올바른 산책을 해야 비로소 운동으로서 효과가 있다. 산책을 끝냈는데도 반려견의 온몸이 긴장 상태로 남아 있거나 흥분 상태가 지속한다면 올바른 산책을 한 것이 아니다.

규칙 없는 산책의 대표적인 예가 보호자가 산책한다고 하면 반려견이 흥분해서 날뛰는 경우이다. 두 발로 서는 행동, 제자리에서 팽이처럼 도는 행동(circling), 폴짝폴짝 뛰어오르는 행동 등이 반려견이 흥분했을 때 가장 많이 하는 행동들이다.

흥분한 상태에서 시작된 산책은 끝날 때까지 흥분된 상태가 지속될 확

반려견이 제대로 된 산책을 할 수 있다면 반려견 때문에 일어나는 많은 문제는 상당수 사라지게 될 것이다.

률이 매우 높다. 이렇게 시작된 산책은 산책 내내 반려견이 보호자를 끌고 다니게 될 것이다. 비록 보호자는 천천히 걷고 싶더라도 산책의 주도권이 반려견에게 완전히 넘어가 버렸기 때문이다. 반려견은 빨리 가고 싶은 마음에 보호자를 여기저기 끌고 다니게 되고 이제는 빨리 가는 것을 넘어 반려견이 원하는 장소로 한시바삐 가려고 보호자를 마구 끌게 될 것이다. 이런 산책이 지속 되면 보호자와 반려견 모두 산책으로 인해 스트레스만 받고 만족을 하지 못하는 경우가 늘어나게 된다.

보호자를 끌고 나가려는 반려견은 산책하는 것이 차라리 산책하지 않은 것보다 못한 경우가 많다. 보호자에게 있어 산책은 노동이 아니다. 보호자를 끌고 나가려는 반려견의 모습을 상상해 보라! 반려견은 한시라도 빨리 자신이 원하는 장소로 가려고 보호자를 마구 끌고 다닐 것이다. 보호자는 반려견이 너무 치고 나가려는 것을 제지하기 위해 온몸으로 버티게 된다. 그리고 반려견은 보호자가 버티는 힘만큼 불필요하게 근육을 과도하게 사용하게 된다. 이는 반려견 건강에도 좋지 않게 된다. 그리고 무엇보다 이런 산책을 하고 집으로 돌아오더라도 반려견의 흥분 상태가 쉽게 가라앉지 않는다.

산책 시작부터 흥분 상태가 되는 반려견에게 산책 전, 흥분 상태일 때는 산책하지 못한다는 것을 인식시켜야 한다. 원 스텝 트레이닝을 통해 차분하게 있을 때만 보호자가 산책을 시켜 준다는 것을 반려견이 트레이닝을 통해 이해하게 되면 산책을 하러 간다고 알려 줘도 흥분하지 않게 된다.

올바른 산책을 한 반려견은 집에 돌아와서도 안정된 행동을 하게 되므로 산책 내내 흥분한 상태로 보호자를 끌고 다니며 산책 다녀온 반려견과 정서 면에서 확실한 차이가 남을 느낄 수 있을 것이다.

그리고 산책하러 나간다고 하면 흥분하는 반려견과 반대로 산책을 두려워하는 반려견에게도 원 스텝 트레이닝으로 통해 산책에 대한 두려움을 극복하게 할 수 있다. 산책하러 나가더라도 보호자 옆에서 떨어지지 않는 것을 배우게 되므로 심리적 안정감을 갖게 되어 산책이 부담스럽지 않고 자연스러워지게 할 수 있다.

보호자와 나란히 보폭을 맞춰가며 하는 산책은 보호자와 반려견 모두에게
만족감을 준다.

안전한 산책을 위한 제안

산책할 때 하나의 도구만 의존하는 건 굉장히 위험할 수 있다. 하네스(harness)를 사용할 때도 꼭 목줄도 함께 채우는 게 좋고, 자동줄을 사용하더라도 짧은 리드줄을 챙겨가는 게 좋다. 산책을 하다가 인적이 드물거나 안전이 확보된 넓은 공터에서는 하네스에 줄을 연결하여 자유롭게 뛰어놀게 한다. 하지만 유동 인구가 많거나 교통량이 많은 구간을 지날 때는 하네스보다 목줄에 연결하여 적절하게 통제할 수 있도록 대비해야 한다.

하네스는 반려견이 흥분 상태일 때 보호자가 반려견을 통제할 수 없는 도구이다. 때문에 돌발 상황이 발생하면 대처하기가 곤란하다. 보호자 스스로가 자신의 반려견의 성향을 잘 파악하여 문제가 생기지 않도록 대비해야 한다. 특히 중형견 이상 덩치가 큰 견종의 경우에 흥분하여 치고 나가려할 때 보호자가 통제하기가 현실적으로 어렵다. 이런 성향의 반려견이라면 하네스보다 목줄을 사용하기 바란다. 다만 소형견의 경우 반려견이 흥분하여 끌고 나가려는 성향이 강하더라도 보호자가 웬만하면 통제할 수 있는 경우가 많으므로 하네스를 사용해도 무방하다. 하지만 중형견 이상의 견종 중 쉽게 흥분하는 성격의 반려견을 산책시키는 보호자는 하네스보다 목줄 사용을 적극 권장한다.

* 목줄과 리드(lead)줄은 흔히 같은 의미로 사용되나 여기서 말하는 목줄은 반려견 목에 거는 목걸이를 말한다. 그리고 리드줄은 목줄에 연결하여 보호자와

반려견을 연결해 주는 줄을 말한다. 외국에서는 리드줄을 리쉬(leash)라는 용어로도 자주 사용한다. 다만, 이 책에서도 일반적으로 쓰이는 용어대로 목줄과 리드줄을 같은 의미로 혼용하여 사용하기도 했다.

초크 체인(choke chain)은 목이 졸린다는 단점 때문에 그 유용성에 비해 많은 비판을 받고 있다. 또한 '초크 체인=강압적 트레이닝'이라는 선입견도 강한 편이다. 하지만 만약 평소 트레이닝이 안 되어 있거나 공격성을 나타내는 중형견 이상의 반려견(특히 대형견)이 흥분하여 보호자를 끌고 가려고 할 때 초크 체인은 보호자뿐만 아니라 제삼자 심지어 반려견도 보호할 수 있는 도구다. 그러므로 하네스 만이 최고라는 인식은 경계할 필요가 있다. 초크 체인에는 목이 조이지 않도록 하는 '더블(double)' 체결 기능이 있으므로 초크 체인을 사용한다고 무조건 목이 졸리는 것은 아니다.

왜 당신은 반려견 트레이닝에 실패했을까?

반려견 트레이닝이 어렵다고 느껴지는 이유는 트레이닝의 내용이 심오하거나 난해해서 그런 것이 아니다. 직접 해 보고 현장에서 익히지 않으면 안 되기 때문이다. 즉 영상을 통해 익힌 지식, 그 자체만으로는 반려견 트레이닝에 성공할 가능성이 작다. 그 지식을 자신의 것으로 만든 후 이를 자신의 반려견에게 적용할 수 있는 '경험의 축적 시간'이 꼭 필요하다.

이 책에서 설명하는 내용 중 일부분들은 보호자들 대부분이 이미 알거나 전에 한 번이라도 들어 봤던 것일 수도 있다. 반려견 트레이닝에 관한 설명은 어느 정도 경험이 바탕 되지 않고서는 그 의미를 바로 깨닫기가 어렵다. 이 점을 간과한 채 보호자들은 이것저것 몇 번 시도 해 보다가 트레이닝을 포기하고 만다. 우리 반려견은 트레이닝을 안 해도 착하고 말 잘 듣는다며 스스로 위로한 채 반려견 트레이닝을 멀리하게 된다. 원래 반려견 트레이닝은 쉽게 되는 것이 아니므로, 당신이 포기했다고 해서 너무 상심할 필요는 없다. 《감옥으로부터의 사색》으로 유명한 신영복 선생님의 글을 통해 반려견 트레이닝을 어떻게 하는 것이 좋을지 생각해 보자.

> 노인 목수가 그리는 집 그림은 충격이었습니다.
> 집을 그리는 순서가 판이하였기 때문입니다.
> 지붕부터 그리는 우리들의 순서와는 반대였습니다.
> 먼저 주춧돌을 그린 다음 기둥, 도리, 들보, 서까래……

지붕을 맨 나중에 그렸습니다.

그가 집을 그리는 순서는 집을 짓는 순서였습니다.

일하는 사람의 그림이었습니다.

- 신영복 <집 그리는 순서>[47] 중에서

신영복 선생님의 글처럼 우리는 집을 그릴 때 제일 먼저 집의 지붕부터 그려 왔다. 주춧돌과 기둥, 도리, 들보는 안중에도 두지 않고 말이다. 반려견 트레이닝에도 신영복 선생님의 통찰은 그대로 적용된다. 보호자가 반려견 트레이닝을 시키고자 마음을 먹고 제일 먼저 하는 일은 이미 완성된 반려견들의 영상을 보고 따라 하는 것이 될 것이다. 이런 노력이 아주 효과가 없는 것은 아니지만 그런 시도는 분명 집을 지붕부터 그리려는 시도가 될 것이다.

지금부터라도 원 스텝 트레이닝으로 주춧돌부터 차근차근 놓는 반려견 트레이닝을 시작해 보자.

---

47) 신영복, 《처음처럼(신영복의 언약)》, 돌베개, 2016, p. 189

왜 기존의 반려견 트레이닝은
어렵다고 느껴지는가?

원 스텝 트레이닝의 장점

- -

　1. 원 스텝 트레이닝은 '트레이닝 장소에 구애받지 않는다'는 점이 가장 큰 장점이다. 거실, 안방, 계단, 보도블록, 아파트 내 놀이터 등 그 어디에서나 트레이닝을 할 수 있다. 심지어 아파트 현관 신발장에서도 가능하다.(물론 신발을 치우고 당신이 한 걸음 정도는 걸어갈 수 있는 공간을 마련해야겠지만 말이다) 이처럼 넓은 운동장이나 전문 트레이닝 장소가 아니더라도 실생활 어느 곳이든 보호자가 한 발을 내디딜 만한 공간만 있으면 그 공간을 트레이닝 장으로 변화시킬 수 있는 매력적인 반려견 트레이닝 법이 원 스텝 트레이닝이다.

2. 원 스텝 트레이닝으로도 간단한 문제행동을 수정할 수가 있다. 반려견과 산책 중 보호자를 너무 끄는 행동을 하는 경우 잠깐 멈추고 원 스텝씩 나가 봐도 되고 반려견이 너무 흥분하여 방방 뛸 때도 원 스텝 트레이닝을 사용하여 반려견을 진정시킬 수 있다. 트레이닝 공간 부족의 문제해결뿐만 아니라 행동수정의 방법으로도 사용할 수 있다.

3. 원 스텝 트레이닝으로 당신은 진정한 반려견의 리더가 됨을 경험하게 될 것이다. 이는 정말 대단한 경험이 될 것인데 이제껏 당신의 반려견에게서 보지 못했던 초고도의 집중력을 볼 수 있을 것이다. 그 맑고 촉촉한 눈빛을 당신에게 오롯이 집중시킬 때 느껴지는 반려견과 하나 됨을 경험할 수 있게 된다. 원 스텝 트레이닝에 어느 정도 반려견이 익숙해진다면 주변의 소음에도 불구하고 당신만을 갈구하는 그 모습에 반려견의 리더가 된다는 것이 얼마나 가슴 벅차고 짜릿한 경험인지 알 수 있게 되는 계기가 될 것이다.

4. 트레이닝을 배우는 과정에도 단계가 있다는 것을 자연스럽게 익힐 수 있다. 원 스텝 이후 쓰리 스텝, 파이브 스텝으로 단계가 점진적으로 그리고 자연스럽게 향상되므로 보상을 받기 위해 반려견들이 집중하다 보면 낮은 난도에서 출발하여 어려운 난이도도 척척 해낼 수 있게 된다.

5. 보호자들이 보상으로 주는 사료의 양과 보상 타이밍을 자연스럽게 조절할 수 있게끔 배울 수 있다. 일반인들이 반려견 트레이닝에서 범하는 가장 큰 실수는 이유 없이 보상을 주는 것이다. 보상을 안 주면 개들이 실망할 것 같아 보상 타이밍이 아님에도 불구하고 보상을 주기 때문에 반려

견 트레이닝이 갈수록 어려워지게 되는 것이다. 그러나 원 스텝 트레이닝은 일반인도 보상을 언제 줘야 하는지 스스로 익힐 수 있어 보상으로 주는 사료량과 보상 타이밍을 조절할 수 있게 해 준다.

6. 즉각적인 수정이 가능하다. 여러 동작을 하는 것이 아니라 한 걸음 걷는 것 그것이 원 스텝 트레이닝이므로 반려견이 보호자가 움직이지 않았는데도 예견하여 앞서 나가려는 바로 그 순간을 포착하여 즉시 수정할 수 있다. 반려견의 잘못된 행동을 방치하여 나중에 힘들게 행동을 수정해야 하는 오류를 방지할 수 있다.

7. 마지막으로 인내심이 길러진다. 이는 보호자와 반려견 모두에게 해당하는 내용이다. 한 걸음 걸어 나가는 순간이 언제가 될지 모르는 상황에서 반려견은 집중해서 기다려야 되는 상황을 거듭 연습할 수 있게 되므로 인내심이 길러진다. 보호자도 사랑스러운 반려견의 눈빛만 보면 자동으로 칭찬을 하고 먹이를 주고 싶은 욕구를 억제해야 하므로 이를 통해 인내심이 자연스럽게 증대된다.

원 스텝 트레이닝에 들어가기 전 알아야 하는 사항과 전제조건

1. 타기팅(Targeting)

반려견이 원 스텝 트레이닝을 받아들이기 위해서는 우선 타기팅이란 것을 이해해야 한다. 타기팅(Targeting)이란 반려견이 보상물(여기에서는 사료)이 나오는 위치가 어디인지 인식하고 보상물이 나오는 위치에 집중하여 시선을 고정하게 만드는 것이다.

타기팅에서 보상물이 나오는 위치를 어디로 정할지는 중요한 문제가 아니다. 가령 보호자의 눈을 봤을 때 반려견에게 보상을 주기를 원한다면 당신의 '눈'을 타기팅하게 할 수도 있고 당신의 손에서 보상이 나오게끔 하여 반려견이 당신의 '손'을 타기팅하게 할 수도 있다.

보호자의 눈을 타기팅하도록 설정한 경우, 반려견은 양손에 사료가 있는 것을 알아도 보상을 받기 위해서 손을 보는 것이 아니라 보호자의 눈을 응시하게 된다.

타기팅에서 중요한 포인트는 타기팅 위치가 아니라 특정 위치에서 보상물이 나온다는 것을 반려견에게 이해시키는 데 있다. 타기팅을 이해하지 못하는 반려견들은 사실상 트레이닝이 불가능하기 때문에 원 스텝 트레이닝에 들어가기 전에 반드시 타기팅 개념을 반려견이 이해할 수 있도록 해야 한다. 시선을 고정하지 않으면 보호자가 원하는 트레이닝으로 진행되지 않는 만큼 타기팅에 많은 시간을 들여 반려견의 시선을 잡을 필요가 있다.

보호자의 얼굴에 타기팅된 반려견은 보호자 왼손에 사료가 들어있더라도 사료 보상을 받기 위해서 어디를 봐야 하는지 알고 있다.

타기팅을 반려견이 이해하기 위해서 얼마의 시간이 걸릴지는 쉽게 예측할 수 없다. 왜냐하면 어떤 반려견들은 타기팅 개념을 타기팅 트레이닝을 한 지 얼마 지나지 않아 의외로 쉽게 이해하기도 하고 어떤 반려견들은 타기팅을 이해하는 데 생각보다 오랜 시간이 걸리기 때문이다. 여기서 재차 강조하지만, 반려견 트레이닝의 시작과 끝은 보호자의 기다림과 배려다. 즉, 보호자의 인내가 요구된다. '에스트라공'과 '블라디미르[48]'가 고도를 기다린 것처럼 보호자는 그 정도의 기다림까지는 필요하지 않더라도 자신의 반려견이 타기팅에 대한 개념을 이해할 수 있도록 애가 타더라도 조금만 더 참고 꾸준히 트레이닝을 진행할 수 있어야 한다. 보호자들은 자신의 반려견이 언제가 될지는 몰라도 언젠가는 개념을 깨칠 수 있다는 확신을 가지고 반려견 트레이닝에 임해야 한다. 성경에서도 "범사에 기한이 있고 천하만사가 다 때가 있고"(전3:1)라고 말씀한 것처럼 때가 되면 반려견들이 개념을 이해하는 모습을 보여 줄 것이다.

● 타기팅(Targeting) 하는 법

타기팅(Targeting)을 하기 위해서는 우선 보호자의 왼손(오른손도 가능하다)에 사료를 한 움큼을 잡아 반려견 코에 갖다 대 본다. 그러면 사료의 냄새를 맡은 반려견이 당신의 손에 사료가 있는 것을 알고 사료를 먹으려고 앞발로 긁는 행동을 하거나 사료를 먹기 위해 이런저런 동작을 취하게 될 것이다. 어떤 행동을 하든 반응만 보이면 일단 사료를 하나 준다. 이 사료를 씹어서 삼키는 데 약간의 시간이 필요하므로 다 씹어서 삼킬 때까지 기다려 줘야 한다는 점에 유의하자. 대회에 나가는 등 전문 훈련을 할 경우, 사료를 씹어 삼키는 시간이 길어지면 트레이닝 효율이 오르지 않는 문제가 생길 수 있다.

하지만 우리 과정은 전문 트레이닝이 아니므로 어느 정도 시간이 지체되는 것도 무방하다.

---

48) 사뮈엘 베케트(Samuel Beckett), 《고도를 기다리며》(waiting for godot)의 두 주인공

타기팅을 통해 반려견이 의욕적으로 목적물을 향해 따라 다니게 해야 한다. 타기팅과 흔히 혼동하는 용어가 바로 터칭이다. 터칭(Touching)은 타기팅의 하위분류에 속할 수 있을 것이다. 타기팅을 하기 위해 터칭을 우선 배우게 되므로 타기팅과 터칭을 혼동하는 경우도 있지만, 터칭은 일반적으로 보호자의 특정 부위를 반려견이 자신의 특정 부위(대부분은 반려견의 코)를 갖다 대는 것을 의미한다.

이제 타기팅의 개념을 이해했다면 이제 타기팅을 하는 방법을 자세히 알아보도록 하자. (아래 설명은 보호자의 '손'에 타기팅 되도록 한 경우이다)

손안에 사료가 있는 것을 인지한 반려견이 보호자의 손을 쳐다보고 있다.

1. 보호자가 사료를 왼손 또는 오른손에 두 개 정도 쥐고 주먹을 쥔다. 타기팅 단계에서는 사료를 왼손에 쥐나 오른손에 쥐나 큰 문제는 없다.

반려견이 보호자의 손에 사료가 있다는 것을 확인할 수 있으면 족하기 때문이다. 그러나 반려견이 보호자의 손에는 사료가 있다는 인식을 어느 정도 한다면 왼손에만 사료를 쥐는 것을 추천한다. 그래야 나중에 원 스텝 트레이닝을 할 때 보상을 바로 줄 수 있어 보상 타이밍을 놓치는 경우를 없앨 수 있기 때문이다.

반려견 코에 사료를 쥔 주먹을 가져다 대면 사료 냄새 때문에
사료를 먹기 위해 반려견이 자연스럽게 움직이게 된다.

2. 사료를 쥔 주먹을 반려견 코에 갖다 댄다. (코에 살짝 갖다 대는 것이다. 반려견의 코에 펀치를 날려서는 안 된다) 그러면 사료의 냄새를 맡고 반려견이 사료를 먹으려고 사료를 쥔 주먹을 핥거나 살짝 깨무는 등의 행동을 하게 될 것이다.

사료를 주는 타이밍을 기억할 필요가 있는데 이는 반려견 트레이닝 과정에서 제일 중요시되는 부분이다.

3. 이제 사료를 쥔 주먹을 펴 반려견이 사료를 먹을 수 있게 한다.

이런 과정을 수회 반복한다. 반복 횟수는 반려견의 이해도에 따라 많아질 수도 적어질 수도 있다. 하루에 끝나는 반려견도 있을 수 있고 며칠이 걸리는 반려견도 있을 것이다. 몇 회를 해야 하는가? 며칠을 해야 하는가? 에 대한 궁금증이 생길 수도 있겠지만, 어느 정도 하다 보면 보호자가 스스로 느끼게 될 것이다. 이제 우리 반려견이 타기팅을 완벽히 이해하고 있다는 것을! 그때가 되면 타기팅이 완성된 것이다.

폴 워크(Pole Work)

타기팅을 하려면 반려견이 목줄 매는 것에 익숙해져야 한다. 그러나 견종에 따라 그리고 반려견의 성격에 따라 목줄에 너무 예민하거나 목줄을 채우기만 하면 마구 날뛰는 경우는 원 스텝 트레이닝을 할 수 없기에 폴 워크(Pole Work)를 통해 반려견이 차분한 상태로 기다릴 수 있도록 해 보자.

폴 워크는 목줄 적응 트레이닝 중 하나로 반려견을 나무나 기둥 등에 묶어 두고 반려견이 목줄에 익숙해지도록 도움을 주는 트레이닝이다.

폴 워크 시 유의 사항은 반려견의 모습이 애처로워도 풀어 주면 안 된다는 것이다. 반려견을 나무나 기둥에 묶어 놓고 일정 시간을 지켜보게 되면 폴 워크를 하는 반려견은 대부분 목줄에 예민해서 목줄에서 벗어나려고 몸부림을 칠 것이다. 하지만 이 모습에 마음이 약해져서는 안 된다.

특히나 버둥거리는 모습에 마음이 약해진 보호자가 "이번 한 번만 풀어 줄게"라며 반려견이 이해도 못하는 말을 하면서 폴 워크를 일시 중단해서는 안 된다. 반려견은 이번 한 번만 풀어 준다는 보호자의 말을 알아듣는 것이 아니라 목줄을 벗어나려고 몸부림을 치면 보호자가 풀어 준다는 잘못된 공식을 인식하게 되어 트레이닝이 갈수록 어렵게 되니 주의하자.

버둥거리더라도 그냥 잠잠해질 때까지 묵묵히 지켜보는 것이 좋다. 어느 정도 시간이 지나면 벗어나려는 행동을 포기하고 안정된 모습을 보이기 시작할 것이다. 이때 보호자는 천천히 반려견 쪽으로 다가가서 반려견이 앉을 때까지 기다린다. 만약 앉으면 사료로 보상을 하고 다시 물러난 후 접근하기를 반복한다. 보호자가 다가올 때 앉으면 보상을 받을 수 있다는 것을 반려견이 이해하게 되면 폴 워크 과정은 끝이 난다.

이 과정을 반복하게 되면 목줄에 매여 있을 때 앉아 있는 게 벗어나려는 행동보다 더 합리적인 선택이라는 것을 반려견이 이해하게 된다. 목줄을 매었을 때 흥분하거나 마구 끄는 행동을 스스로 삼가게 되는 것이다.

반려견이 기둥에 묶여 있어도 날뛰지 않고 차분히 앉아 있다면 이제는 기둥에 묶어 놓았던 목줄을 풀어 보호자가 손에 목줄을 쥔 채 천천히 걷다가 멈춰 서서 반려견이 앉는 행동을 할 때까지 기다린 후 앉으면 사료로 보상을 하자. (이 과정은 원 스텝 트레이닝 초기의 모습과 유사하다)

위 과정을 반복하면 보호자가 목줄을 쥐고 반려견과 함께 있을 때 반려견이 끌지 않고 산만한 행동을 하지 않게 된다. 그리고 앉는 행동을 시키지 않았는데도 스스로 앉는다면 산책 훈련을 시작할 수 있는 상태가 된 것이다.

우선 목줄을 채운 후 목줄을 튼튼한 기둥이나 나무에 묶어 놓는다.

반려견이 안정된 상태에서 보호자가 천천히 다가가서 앉으면 사료로 보상을
하자. 보호자가 다가갈 때 반려견이 뛰어오르거나 산만함을 보이면 뒤로 물
러난 뒤 다시 시도하자. 그리고 항상 반려견이 잘했을 때 끝내는 것이 좋다.

2. 식습관 개선 프로젝트

이제 원 스텝 트레이닝 시작을 위한 모든 준비가 끝났다. 보호자의 입장에서 말이다. 이제부터는 우리의 귀여운 친구, 반려견이 키(key)를 쥐고 있다.

원 스텝 트레이닝은 철저히 사료를 이용한 트레이닝인 만큼 반려견이 사료를 좋아하지 않는다면 트레이닝을 진행할 수가 없다. 그런 만큼 이제 반려견이 사료를 좋아하게 만들어야 하는 과정이 남아 있다. 한계 효용 체감의 법칙(law of diminishing marginal utility)처럼 더는 배고프지 않은 반려견에게 사료는 아무 효용이 없다. 오히려 사료를 주면 거부감을 느끼는 순간까지도 올 수 있다. 즉, 아무리 좋은 사료라도 배가 부른 반려견에게는 트레이닝을 위한 보상물로써 효용이 없다.

● 식습관을 망치는 가장 큰 이유

사료 중심의 식습관을 망치는 가장 큰 이유는 반려견에게 이것저것 너무 많이 먹이기 때문이다. 반려견 전용으로 나온 사료들은 반려견에 필요한 충분한 에너지를 제공한다. 그리고 반려견이 좋아하도록 맛도 어느 정도 괜찮게 만들어졌다. 사료의 맛이 어떤지 우리가 직접 반려견 사료 중 대표적인 몇 가지를 먹어 보았다. 퓨리나(Purina)사의 프로플랜 퍼포먼스(pro plan sport)처럼 첫맛은 보통이나 끝 맛이 멸치 맛처럼 고소한 것도 있고, 로얄캐닌(ROYAL CANIN)사의 래브라도 리트리버 어덜트(labrador retriever adult)처럼 특정 생선 맛보다는 전체적으로 기름진 맛이 강한 것도 있었다. 반려견 사료에는 닭고기를 비롯해 고기가 상당 부분 들어있다. 하지만 사료에서는 육류의 특별한 맛은 느껴지지 않았다. 육류의 종류와 맛보다는 사료에 들어있는 '어유(fish oil)'에 의해 전체의 맛이 좌우되는 것처럼 느껴졌다.

보호자는 막연한 불안감에 사료만 가지고는 충분한 영양 공급이 안 될 것 같아 반려견이 사료를 잘 먹고 있는데 중간에 고기를 얹어 준다든가 사료를 다 먹은 후 부족한 것 같아서 육포를 주는 등 사료 이외의 음식을 주는 경우를 흔히 볼 수 있다. (환절기나 혹서기, 혹한기 대비용으로 특별 영양식을 주는 경우는 제외하자)

육포나 소시지 등 자극적인 음식들은 단편적으로 볼 때는 트레이닝의 호기심을 자극하고 집중력을 높여 주어 사료보다 트레이닝 효과가 뛰어나 보인다. 하지만 오히려 자극적인 음식을 먹고 싶다는 생각이 머릿속에 가득하여 반려견을 흥분 상태에 놓이게 한다.

반려견은 보호자가 원하는 행동을 했을 때 받게 되는 보상물과 자신의 행동 결과를 인과관계(causality)를 통해 이해해야 한다. 하지만 자극적인 음식을 사용하면 보상물을 먹겠다는 생각이 너무 강하게 되어 자신의 행동과 보상물 제공에 대한 인과관계를 생각할 만한 차분함을 가질 수 없게 된다. 그 결과 트레이닝 성과가 현격히 떨어지게 된다.

자극적인 음식(여기서는 사람이 먹는 음식을 말하는데 예를 들어 육포나 소시지 등을 말한다)의 제공은 그 효용에 한계가 있으며 과도한 섭취는 영양 불균형으로까지 이어진다. 자극적인 음식을 반복해서 사용하게 되면 음식에 대한 편식이 생기고 전체적으로 음식에 대한 기대치가 떨어지게 된다. 특히 반려견 전용 간식이 아닌 자극적인 사람의 음식들은 대부분 나트륨 함량이 높다. 최근 들어 우리나라 사람들의 과도한 나트륨 사랑에 대해서 경고를 표하는 의약계와 관련 단체들이 '나트륨과의 전쟁'을 벌일 정도로 나트륨 섭취를 경계하고 있듯 반려견 또한 나트륨 섭취가 과하게 되면 건강을 해치게 된다.

육포는 우리에게는 비상식량으로 우수하나 매일 하는 반려견 트레이닝에서 보상물로 사용할 경우 '득'보다 오히려 '실'이 많은 간식이다.

사람이 선호하는 자극적인 맛을 강조하는 이러한 음식을 이용한 트레이닝이 과다한 나트륨 섭취의 위험성을 가지는 것과 달리 사료는 항상 섭취해야 하는 주식이므로 나트륨 과다 섭취에 대한 불안감이 없다. 섭취량 또한 하루 급여량만큼 편안하게 주면 되므로 반려견의 건강 증진과 트레이닝의 효율성 증대라는 두 마리의 토끼를 잡을 수 있는 장점이 있다.

또 사료는 간식과 달리 매일 제공되는 음식이므로 음식에 대한 흥분도가 높지 않기 때문에 트레이닝 과정에서 반려견이 최대한 차분한 마음으로 동작들을 이해하고 익힐 수 있는 장점이 있다.

사료를 거부한다고 간식으로 트레이닝을 진행하는 것은 반려견의 식습관만 나빠지게 만든다. 간식이 없을 때는 심지어 트레이닝을 거부하는 상황도 발생할 수 있다. 만약 간식을 꼭 사용하고 싶다면 트레이닝을 종료할 때 제공하여 다음 트레이닝에 대한 기대치를 올리는 정도로 사용하는 게 좋겠다.

트레이닝 보상물로 사용하기에 사료는 훌륭한 대안이다. 이에 대한 의심을 거두고 이제 트레이닝이 진행되는 동안만이라도 식사는 사료 하나만 제공하자. 사료와 신선한 물, 이 두 가지만 있으면 충분하다.

원 스텝 트레이닝이 끝나고 마시는 시원한 물은 그 어떤 물보다 달콤할 것이다.

● 이미 간식에 길들어 있는 경우의 대처법
이미 간식만으로 하루 식사량을 채우는 반려견의 경우 갑자기 사료만 제공하면 식사를 거부할 수도 있다. 이런 경우에는 사료 제공량은 서서히 늘리고 소시지 등 간식량은 서서히 줄여나가면 된다. 반려견이 사료에 적응할 수 있도록 도와주면 그리 오래지 않아 사료만으로 식사량을 채울 수 있게 된다.

이때 보호자는 조급한 마음을 버려야 한다. 하루아침에 반려견이 사료만 먹기를 바라서는 안 된다. 이미 간식의 자극적인 맛에 익숙해진 상태이므로 서서히 변화를 유도하도록 하자. 완강히 거부하는 경우는 간헐적 단식도 사용할 필요가 있겠다.

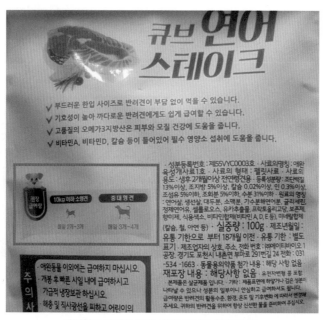

반려견용 간식도 권장 급여량이 표시되어 있다.

3. 베이직 포지션(basic position) 익히기

반려견이 베이직 포지션을 취하고 있다.

베이직 포지션(basic position)은 보호자의 좌측에 반려견이 앉아서 기다리는 자세를 말한다. 베이직 포지션을 처음 하는 반려견은 물론 베이직 포지션이 무엇인지 모른다. 왜 자신이 보호자 우측도 아닌 좌측에 있어야 하는지 더더욱 모르기 때문에 루어링(luring) 동작으로 반려견을 유도해서 정확한 자리에 오면 칭찬과 보상을 해 주는 과정이 필요하다. 루어링(luring) 동작은 반려견을 원하는 자세나 위치로 오게 하게끔 유인하는 동작을 말한다.

TIP 4 루어링을 통한 베이직 포지션 익히기

1. 손안에 사료가 있다는 사실을 인식시켜 준다.

2. 반려견이 쫓아올 수 있도록 천천히 손을 움직인다.

3. 루어링 시 잘 따라오고 있다면 중간중간에 사료를 주는 것은 자제하자. 다만, 처음에는 잘 따라오지 않을 수 있으므로 잘 따라올 수 있도록 사료를 제공하는 것은 무방하다.

4. 잘 쫓아오는지 확인한 후 베이직 포지션에 오면 사료로 보상을 해 주자.

반려견이 베이직 포지션을 쉽게 이해하지 못하면 약간의 힌트를 주자. 루어링으로 반려견이 보호자의 좌측에는 왔지만 앉지 않는 경우가 제법 발생한다. 이런 경우 반려견 시선이 보호자를 향하게 한 후 반려견이 스스로 앉을 수 있도록 타깃을 반려견의 시선 위로 위치시킨다. 앉게 되면 바로 사료를 제공하여 정해진 위치에서 앉으면 사료가 나온다는 것을 이해시키도록 한다.

반려견이 고개를 위로 들수록 엉덩이는 자연스럽게 내려오게 된다.

● 베이직 포지션 완성을 위한 화룡점정(畫龍點睛)

베이직 포지션을 잘했다 하더라도 보상을 주는 과정에서 보호자의 부주의로 문제가 생기기도 한다. 사료를 줄 때 보호자의 실수로 반려견이 움직여 버리는 경우가 대표적이다. 우리나라에서 선호되는 반려견은 말티즈(Maltese), 푸들(Poodle) 등 소형견이 많다. 소형견은 체구가 작은 만큼 사료를 보상으로 줄 때 주의가 필요하다. 래브라도 리트리버(Labrador Retriever, '랩(Lab)'이라고도 불린다), 저먼 쉐퍼트 독(German Shepherd Dog) 등 대형견들은 키가 크기 때문에 좀 더 쉽지만 소형견들은 키가 작아 주의할 사항이 있다.

처음 사료를 줄 때는 보호자가 불편하겠지만 허리를 숙여서 사료를 줘야 한다. 이때 반려견의 목이 너무 위로 올라오지 않도록 정면에서 봤을 때 반려견의 목과 보상을 주는 보호자 손이 가급적 직선에 가까울 정도로 각도를 설정하고 사료를 줘야 한다. 보호자가 허리를 숙여 보상을 주면 반려견은 자세 변화 없이도 사료를 먹을 수 있다. 반대로 보호자가 허리를 숙이지 않고 보상을 주면 반려견은 사료를 먹기 위해 베이직 포지션 자세에서 이탈해야 한다. 이는 허리를 숙여 보상을 주는 것과 서서 보상을 주는 것이 보상의 각도가 달라지기 때문이다. 보호자에게는 별것 아닌 각도의 차이겠지만 반려견에게는 베이직 포지션을 고수할 수 없게 만들 수도 있다.

사료를 잘 먹고 트레이닝 이해를 잘했다면 반려견에 따라 앞발로 허공을 젓는 듯한 행동을 하기도 한다. 이것은 정상적인 행동이다. 보호자는 그런 모습에 당황하지 말고 트레이닝을 계속 진행하면 되겠다. 이렇게 허공을 젓는 듯한 행동을 니딩(Kneading) 행동이라고 한다. 니딩이란 '주무르다'라는 의미로 니딩은 어린 강아지에게 나타나는 행동으로 어미의 젖을 물고 모유가 잘 나오도록 앞발을 문지르는 본능적 행동[49]이다.

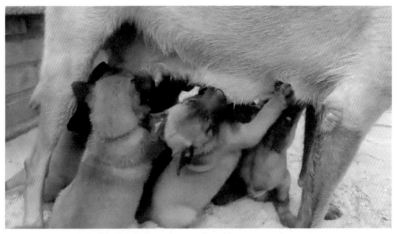

맨 오른쪽 강아지가 젖이 잘 나오도록 니딩 행동을 하고 있다.

반려견 트레이닝 시 니딩 행동을 하는 반려견은 타깃(target)에서 사료가 나온다는 것을 잘 이해한 것이다. 사료를 적극적으로 먹으려고 하는 것이므로 보호자는 니딩 행동이 나왔다고 걱정할 필요가 없다. 편안한 마음으로 트레이닝을 계속하면 되겠다.

4. 원 스텝 트레이닝을 위한 사료 쥐는 법

원 스텝 트레이닝에서 사료를 쥐는 법은 손바닥을 펴고 그 위에 사료를

---

49) 니딩(kneading) 행동은 또한 '반죽하다'라는 의미도 있는데 우리가 반죽할 때를 생각해 보면 쉽게 이해할 수 있다. 손으로 반죽을 꾹꾹 누르는 것처럼 야생에서 동물들은 앞발로 풀을 꾹꾹 눌러서 다져야 할 경우가 많으므로 니딩 행동을 풀을 다질 때 하는 행동이라고 설명하기도 한다.

하나 놓고 엄지손가락(thumb)을 살짝 오므린 상태로 손바닥을 유선형이 되도록 구부리면 된다. 이렇게 하는 이유는 엄지손가락으로 사료를 누르고 있어야 트레이닝 도중 반려견에게 사료를 뺏기지 않을 수 있기 때문이다. 엄지손가락 이외의 다른 손가락으로 사료를 잡을 수도 있겠다. 하지만 한번 해 보면 알겠지만, 반려견이 사료를 향해 달려드는 입과 혀의 힘이 상당히 강해 사료를 그만 뺏겨 버릴 수 있다. 반려견에게 트레이닝 중에는 사료가 먹고 싶어도 보호자의 허락 없이는 사료를 먹을 수 없다는 것을 인식시켜야 하므로 파지법은 중요한 의미를 지닌다.

그리고 보호자에 따라 손가락 힘이 강해서 다른 손가락으로 잡아도 사료를 뺏기지 않을 수도 있다. 엄지손가락과 집게손가락을 이용하거나 엄지손가락과 가운뎃손가락으로 사료를 잡아 줄 수도 있겠다. 하지만 이런 방식은 보호자가 당장 사료를 잡기에는 비교적 편한 방법이긴 하지만, 보상 시 자칫 반려견에게 물릴 수 있다는 단점이 있다.

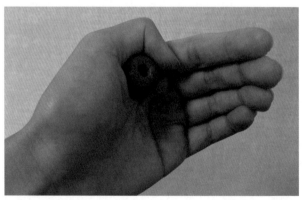

사료의 크기에 따라 쥐는 모습은 조금씩 변하겠지만 엄지손가락으로 잡고 있어야 한다.

그리고 유선형으로 손을 구부리는 이유는 반려견이 보호자의 손을 터치하기가 쉽게 하기 위함인데 주먹을 쥔 손을 터치하는 것보다 부드러운 유선형 모양의 손바닥을 터치하는 것이 반려견에게 거부감이 적기 때문이다.

손으로 보상을 주게 되면 반려견이 보호자의 체온을 느낄 수 있고, 보호자만이 가지고 있는(우리는 미처 인식하지 못했더라도) 독특한 체취를 반려견이 맡을 수 있어 보호자와 친밀감을 한층 더 강화해 준다.

먹이 주머니 착용 모습

트레이닝의 3대 원칙 및 유의사항

보호자가 반드시 지켜야 할 3대 원칙

첫 번째 원칙은 '보상물을 남발하지 않는다'는 것이다. 트레이닝 도중 사용되는 사료는 아무 때나 주어서는 안 된다. 사료는 보호자가 원하는 행동을 한 것에 대한 보상물로써 제공되는 것이다. 그렇기에 보상물이 주어질 때는 명확한 이유가 있어야 하며 그 이유는 반려견이 보호자가 원하는 어떤 행동을 했기 때문이다.

정확한 보상만 주어진다면 반려견은 자신의 행동과 사료 제공 사이의 인과관계(causality)를 스스로 깨달을 수 있다. 그러므로 보호자는 반려견의 행동과 사료 제공 사이의 인과관계가 성립될 때만 보상을 해야 한다. 필요에 따라서는 사료를 먼저 제공하고 반려견이 행동하게 만들 수도 있고, 반려견이 행동한 후 사료를 보상하는 경우도 생길 수 있다. 다만 어떠한 경우도 반려견이 사료 보상과 자신의 행동을 연결할 수 있도록 트레이닝을 해야 할 것이다.

보호자의 이유 없는 보상 행동이 반려견을 혼란스럽게 만든다. 그리고 보호자가 이런 원칙을 스스로 조금씩 어겼음에도 향후 자신의 반려견은 보호자가 원하는 만큼 따라오지 못한다고 반려견 탓을 하게 되는 경우도 발생할 수 있다. 보호자의 이유 없는 보상 때문에 반려견이 자신의 행동과 보상과의 인과관계를 연상하지 못하게 되는 것이다. 보호자는 보상을 줄 타이밍이 아님에도 보상을 주는 실수를 해서는 안 되겠다.

'이유 없는 보상'이라고는 말하지만, 보호자를 애정 어린 눈빛으로 바라봐 주는 것만으로도 보상을 받을 만한 '충분한' 이유가 된다. 하지만 지금은 트레이닝 과정 중이니 보호자는 최대한 마음을 독하게 먹어야 한다.

두 번째 원칙은 '과도한 칭찬은 트레이닝을 방해한다'는 것이다. 이게 무슨 말인가 싶을 수도 있다 "칭찬은 고래도 춤추게 한다"는데 칭찬만큼 좋은 보상물이 어디 있다고 칭찬이 학습에 방해가 된다고?'라며 반문할 수도 있겠다.

하지만 원칙에서도 알 수 있듯이 '칭찬'이 문제가 아니라 '과도한' 것이 문제다. 과도한 칭찬은 반려견을 의도치 않게 흥분 상태에 빠뜨릴 수 있다. 반려견에게 직접 칭찬을 해 보면 알 수 있겠지만, 반려견도 지금 자신이 칭찬받고 있다는 것을 쉽게 안다. 칭찬받아 좋지 않을 동물은 이 지구상에 존재하지 않을 것이다. 물론 우리 인간을 포함해서 말이다. 다만 과도하게 칭찬하면 다음 단계 트레이닝으로 넘어가는 데 더 큰 자극의 칭찬이 필요하게 되며, 기존의 칭찬으로 만족시키지 못하는 결과를 초래할 수 있다는 점에서 주의하라는 것이다.

보호자가 자신의 반려견을 보고 있기만 해도 저절로 칭찬이 나오는 것은 자연스러운 행동이겠지만, 불필요한 칭찬도 자제해야 한다.

마지막 원칙은 '트레이닝 도중 불필요한 말을 삼가라'라는 것이다. 트레이닝 도중 본인도 모르게 "너 왜 그러니!", "내 맘을 왜 이리도 몰라주니?" 처럼 이 말 저 말 하게 된다. 특히나 트레이닝 성과가 본인 생각보다 더디게 나올 때 반려견을 책망하는 말을 많이 하게 된다.

그러나 반려견은 사람의 언어를 완벽하게 이해하지 못한다. 트레이닝 과정 중 보호자의 입에서 나오는 말은 칭찬을 제외하고는 대부분 어떤 동작을 하라고 요구하는 명령어이기 때문에 트레이닝과 상관없는 말은 자제하도록 하자. 예를 들어 "너 왜 그러니, 앉으라면 앉아야지, 왜 안 앉는 거니?"라고 보호자가 말했다고 해 보자. 반려견은 이처럼 많은 단어 중에서 어떤 단어가 명령어인지 혼란스러울 것이다. 한마디로 '청기 백기 게임(The Blue Flag & White Flag Game)'은 사람에게나 흥미로운 게임이지 반려견에게는 즐겁지도 않고 도무지 이해할 수도 없는 게임이다.

반려견이 트레이닝에 적극성을 보이지 않는다면?

반려견이 트레이닝에 적극적으로 참여하지 않는 경우, 그 이유는 대략 6가지 정도로 요약해서 생각해 볼 수 있다.

1) 트레이닝 동작을 수행할 만큼 충분히 배우지 못한 경우

2) 트레이닝 동작을 학습하는 데 필요한 보상물(여기서는 사료)에 대한 욕구가 낮은 경우

3) 자제력이 부족해서 집중하지 못하는 경우

4) 보상물의 목적과 보호자의 신체 언어가 다른 경우

5) 환경이 트레이닝에 긍정적이지 못한 경우

6) 트레이닝 동작과 다른 동작들을 불필요하게 많이 경험한 경우

1)~4)의 경우 원 스텝 트레이닝 과정 전반에 걸쳐 대책 방안이 설명되니 큰 문제는 되지 않을 것이다. 다만 5), 6)의 경우에는 여기서 대책을 설명하니 참고하시길 바란다.

5) 환경이 트레이닝에 긍정적이지 못한 경우는 주위가 시끄럽거나 반려견이 좋아하지 않는 장소 등 원 스텝 트레이닝에 집중하기 어려운 환경을 말한다. 이 경우는 조용한 곳에 가서 하거나 반려견에게 익숙한 장소로 이동한 후 트레이닝을 하면 대부분 큰 문제 없이 트레이닝을 할 수 있다.

가장 힘든 경우가 6)의 경우이다. 보호자도 이것저것 트레이닝을 해 본 경험이 있어 트레이닝 방법론을 어느 정도 알고 있다. 반려견 또한 보호자와 몇 동작을 해 보아서 보호자만 보면 명령 없이도 앉거나 엎드리는 동작을 익숙한 상태인 경우가 많다. 보호자도 이 경우 어느 정도 자신의 경험과 이론을 가지고 있다.

자신만의 이론과 경험으로 성공한다면 문제가 없지만, 중간에 중단한 경우 반려견의 문제라기보다는 보호자의 트레이닝 방향이 일관되지 못한 경우가 상당히 많다. 보호자는 보호자와 반려견의 올바른 트레이닝을 위해서 기존에 알고 있던 트레이닝 방법을 잠시 접어두자. 그리고 반려견 트레이닝을 처음 시작한다는 마음가짐으로 원 스텝 트레이닝을 차근차근 시작할 것을 권한다.

유의사항
·····

1. 트레이닝 장소는 가급적 한곳으로 정하자

우리도 수업을 받을 때 교실에 들어가면 '이제부터 공부를 해야겠다'는 생각이 들고 운동장에 나가면 '열심히 뛰어놀아야겠다'라는 생각이 드는 것처럼 반려견도 일정한 장소에서 트레이닝을 거듭하면 그곳을 자신의 트레이닝 장소로 인식한다. 따라서 트레이닝 장소를 한곳으로 정하면 트레이닝의 집중도를 높일 수 있다.

장소를 정할 때도 요령이 필요하다. 처음 트레이닝을 시작할 때는 가급적 조용한 곳을 선택하는 것이 좋다. 왜냐하면 트레이닝에 집중하기도 벅찬 초기 단계에서 반려견은 조그마한 소리에도 보호자를 주시하지 못하고 두리번거리게 되고 주변의 유혹들에 쉽게 한눈을 팔 수 있기 때문이다.

트레이닝이 어느 정도 진행되어 트레이닝 장소를 반려견이 인식(특히 실내에서 트레이닝 장소를 정한 경우)하게 되면 보호자가 나타날 때 반려견 스스로가 트레이닝 장소로 가서 기다리는 경우도 생길 것이다. 또 트레이닝이 하고 싶어 트레이닝 장소로 가서 보호자를 부르며 트레이닝을 하자고 조르는 반려견의 모습도 보게 될 것이다.

처음 원 스텝 트레이닝을 하는 것에 넓은 공간은 필요치 않다. 다만 콘크리트 재질과 같은 너무 거친 바닥 표면은 처음에는 피하는 것이 좋다. 보호자의 접근이 용이하고 비교적 조용한 곳이기만 하다면 트레이닝 장소는 어떠한 곳이라도 상관없다. 사진에서처럼 바닥에 시작점을 그어 연습하는 것도 좋은 방법이다.

보호자는 트레이닝 장소에 혹시나 있을지도 모를 트레이닝에 방해되는 요소들을 적극적으로 차단하거나 제거해야 한다. 예를 들어 트레이닝 장소 바로 옆에 놓인 간식 테이블, 반려견의 주의를 끌 만한 장난감 등은 트레이닝 전에 치워 놓고 반려견이 보호자에게만 오롯이 집중할 수 있도록 트레이닝 환경을 조성해야 한다. 그래야 반려견의 집중력을 향상할 수 있고 트레이닝 성과도 높아짐을 명심하자.

2. 때로는 '전력 질주'(The Dead Run)가 필요하다

원 스텝 트레이닝은 바쁜 현대인들에게 장소에 구애를 받지 않고 단 몇 분이라도 잠깐 짬을 내어 반려견을 트레이닝 할 수 있다는 장점이 있다. 하지만 그것은 어디까지나 보호자들에게 제한된 시간과 공간에서 반려견 트레이닝을 할 수 있게 하기 위한 것이지 그것으로 모든 반려견의 신체 활동을 대체하라는 취지는 아님을 이해하고 적용해야만 할 것이다. 즉, 산책을 포함한 야외 활동을 배제하고 실내에서 원 스텝 트레이닝만을 해서는 안 된다. 그리고 야외를 나가더라도 반려견에게 필요한 활동 시간을 충분히 보장해 주지 않고 원 스텝 트레이닝만 하고 집으로 돌아와서도 안 될 것이다. 두 경우 모두 반려견에게 필요한 하루 운동량을 채울 수 없게 되어 그로 인한 문제들이 발생할 수 있다. 원 스텝 트레이닝을 마친 후 하루 정해진 산책시간을 모두 돌아서 에너지를 소모할 수 있도록 해야 한다. 그러나 원 스텝 트레이닝 과정에서 사료를 많이 섭취한 경우엔 트레이닝을 마치고 곧바로 과도한 운동을 하게 되면 소화기관 장애를 일으킬 수 있으므로 최소 1시간 이상 지난 후에 운동을 해야 한다. 사료나 음식은 운동 전후 1시간 정도 여유를 두고 제공해야 위경련, 설사, 위염전을 예방할 수 있다. (전력질주 등 격렬한 운동의 경우는 사료나 음식 섭취 후 2시간 이상 여유를 두는 것이 좋다)

원 스텝 트레이닝을 통해 차분하게 기다릴 줄 아는 반려견으로 교육한 후 산책가서 안전하고 재미있는 다양한 운동과 활동을 연결할 때 원 스텝 트레이닝의 진정한 의미가 있다.

안전하고 편안한 산책이 되기 위한 첫걸음으로 원 스텝 트레이닝에 집중해 보자.

제 3 부

원 스텝 트레이닝
(One-step Training)
실전 편

원 스텝 트레이닝 기초 과정

이제 원 스텝 트레이닝에 대한 전반적인 개념과 준비 단계를 이해하였으니 본격적인 원 스텝 트레이닝 과정으로 들어가 보자. 트레이닝의 시작은 항상 왼발이 먼저 나간다. 왜냐하면 오른발로 시작할 경우 스텝이 꼬일 수 있기 때문이다.

1단계: 즉시 보상 전진 1-1-1 트레이닝
(Quick Reward Forward Triple 1, QRFT 1)

보호자는 사료 쥐는 법에서 익힌 대로 왼손에 사료 하나를 쥐고 원 스텝[50] 걷고 반려견이 따라 걷고 '앉는 순간' '즉시' 보상을 준다. 그리고 오른손에 쥐고 있던 사료(또는 먹이 주머니에 있던 사료)를 왼손으로 옮겨 쥔후 다시 원 스텝을 걷고 반려견이 바로 앉으면 즉시 보상을 준다. 마지막으로 오른손에 남아 있던 사료를 왼손에 쥐고 원 스텝 걷고 반려견이 따라와 앉으면 반려견에게 즉시 보상[51]을 준다. 이렇게 원 스텝씩 총 쓰리 스텝을 다 걸어갔다면 반려견의 어깨를 살짝 두드려 주거나 머리를 쓰다듬어 준 후 다시 처음 트레이닝 장소로 돌아가서 트레이닝을 재차 진행한다.

　총 쓰리 스텝에 맞게 왼손에 한 개의 사료를 나머지 두 개의 사료는 오른손에 쥐고 트레이닝을 시작했다. (물론 먹이 주머니를 사용한다면 오른손에 사료를 쥘 필요는 없다) 왼손에 사료 세 개 모두를 쥘 수 있더라도 원스텝 후 하나의 보상을 줘야 하므로 왼손에는 사료 하나를 쥐는 것이 효율적이다. 자칫하면 원 스텝에 사료 세 개 모두를 반려견에게 뺏길 수도있다. 물론 원 스텝 후, 사료 세 개를 주기로 했다면 문제가 되지 않지만여기서는 한 개의 사료를 주는 것으로 정했으므로 왼손에 사료 하나를 쥐고 즉시 보상을 해야 한다. 반려견이 사료를 씹고 있는 동안 보호자는 오

---

50) 보호자의 키에 따라서 원 스텝의 보폭은 저마다 다르다. 그리고 반려견의 원 스텝 또한 반려견의 키에 따라 보폭이 다르므로 보호자는 자신의 원 스텝과 반려견의 원 스텝의 보폭을 확인해 보호자의 원 스텝에 반려견이 잘 따라올 수 있도록 반려견의 보폭에 맞게 자신의 원 스텝 보폭을 조정해야 한다.

51) 학습심리학을 다루는 서적에서는 '보상' 또는 '보상물'이라는 단어를 사용하지 않는다. 엄밀히 말하면 '보상' 또는 '보상물'보다 '강화' 또는 '강화물'(reinforcer)로 사용하는 것이 정확하겠지만, 이 책은 학술서가 아니므로 보호자들이 쉽게 받아들일 수 있게 통상적으로 사용되는 '보상' 또는 '보상물'이라는 단어를 사용했다.

른손에 있던 사료 한 개를 왼손으로 옮겨 쥐고 원 스텝을 다시 나가면 된다.

반려견은 트레이닝에 임하게 되면 보호자 손안에 있는 사료를 어떻게 하면 자신이 먹을 수 있을지 고민을 하게 된다. 첫 단계에서는 반려견이 생각할 수 있도록 진도를 너무 급하게 나갈 필요는 없다. 처음 원 스텝을 성공한 보호자는 본인도 모르게 반려견의 준비 상태를 확인도 하지 않고 진도를 나가려는 경향이 많다. 이는 보호자가 원 스텝 후 앉는 반려견의 모습에 너무 흥분한 나머지 반려견이 또 원 스텝을 할 수 있는지 확인하려는 욕심 때문에 발생한다. 하지만 보호자가 급하게 앞으로 가 버리면 반려견에게는 이해에 필요한 절대적 시간이 부족하게 된다. 이렇게 되면 향후 반려견이 원 스텝을 기계적인 동작으로 익힐 우려가 있다. 한 걸음 한 걸음 나갈 때마다 반려견의 반응을 보면서 반려견이 충분히 이해할 수 있는 시간을 줘야 할 것이다.

총 쓰리 스텝을 다 걸어간 후 반려견의 어깨를 두드려 주는 행동은 첫 트레이닝 과정이 끝났다고 알려 주는 행위이다. 트레이닝 과정 중 반려견은 긴장하므로 이렇게 트레이닝이 끝남을 반려견에게 알려 주어 잠시 한 숨을 돌리게 하는 과정이 필요하다.

베이직 포지션에서 시작해서 원 스텝 가볍게 걸어 보자.

　반려견 트레이닝에서 트레이닝 종료 신호를 알려 주는 것과 종료 신호 후 휴식을 주는 것은 상당히 중요함에도 쉽게 간과되어 버리는 요소 중 하나다.

　휴식의 부여 없이 트레이닝 시간만 늘리는 것이 절대 좋은 방법은 아니다. 물론 휴식을 부여하라고 했다고 신호도 없이 막무가내식 휴식 부여도 좋은 방법은 아니다. 트레이닝 종료 신호를 알려준 후 휴식하도록 해야 한다. 종료 신호는 보통 반려견의 어깨를 가볍게 톡톡 두드려 주는 방식이 자주 사용된다. 이렇게 트레이닝이 종료되었다고 알려 주면 이내 그 신호가 무슨 의미인지를 반려견은 비교적 빨리 인식하게 된다.

반려견의 어깨를 가볍게 톡톡 두드려 주는 방식으로 트레이닝이 종료되었다고
알려 주면 이내 그 신호가 무슨 의미인지를 인식하게 된다.

그리고 트레이닝 종료 신호를 준 후 잠시 트레이닝에서 벗어날 수 있도
록 적당한 휴식 시간을 주자. 우리의 학창시절에서도 쉬는 시간 없는 수
업 시간이란 얼마나 큰 재앙이었던가! 수업 종료종이 울렸음에도 강의가
계속될 때는 정말이지 힘들지 않았는가! 반려견들도 마찬가지다. 짧고 집
중력 있는 트레이닝을 하고 나서 잠시 쉬는 시간을 꼭 부여하자. 반려견
에게도 쉬는 시간은 항상 즐거운 시간이다. 잘 쉰 만큼 다음 트레이닝에
더 집중할 수 있게 된다.

사료를 먹기 위해 보호자의 손을 살짝 깨무는 행동은 자연스러운 행동이다. 그러나 트레이닝을 진행하다 보면 반려견이 깨무는 행동 때문에 생각보다 손이 아플 수 있다. 이런 문제가 발생하는 이유는 보호자와 반려견의 호흡이 아직 자연스럽지 못하기 때문이다. 하지만 보호자와의 사료 트레이닝을 반복하게 되면 반려견이 보호자가 아플 정도로 깨무는 행동을 자연스럽게 줄이게 되니 큰 염려는 안 해도 되겠다.

2단계: 즉시 보상 전진 3-3-3 트레이닝
(Quick Reward Forward Triple 3, QRFT 3)

2단계에서는 매 원 스텝 후 보상을 주었던 즉시 보상 전진 1-1-1 트레이닝(QRFT 1)을 발전시켜서 쓰리 스텝 후 보상 쓰리 스텝 후 보상 그리고 마지막으로 쓰리 스텝 후 보상을 주는 즉시 보상 전진 3-3-3 트레이닝(QRFT 3)을 해 보도록 하자.

요령은 즉시 보상 전진 1-1-1 트레이닝(QRFT 1)과 똑같다. 차이점은 걸음 수 말고는 없다. 보호자는 쓰리 스텝을 걸을 때 너무 빠르게 걷지 않도록 주의하면서 평상시 걸음으로 걷자. 반려견이 잘 따라오고 있는지 확인하는 것 말고는 특이하게 주의할 것은 없다. 이번 단계 또한 쓰리 스텝 후 보상을 주고 다시 쓰리 스텝 후 보상을 주고 마지막 쓰리 스텝 후에도 보상을 주는 것을 잊어서는 안 된다.

보상물로 사료를 꾸준히 주는 것보다 이번에는 '말로 칭찬하는 방법이 어떨까?' 하는 생각이 들 수도 있을 것이다. 그러나 말로 칭찬하는 방법은 기초 단계에서는 권하지 않는다. 왜냐하면 쓰리 스텝 후 사료가 나오는 것을 반려견에게 인식시키는 것이 기초 과정에서는 무엇보다 중요하기 때문이다.

중급 과정이나 고급 과정에 가면 보상물로 사료와 칭찬을 병행할 것이다. 그러니 기초 과정에서는 꾸준히 사료를 주도록 하자. 지금 당신의 반려견들은 배가 고프다는 사실을 잊지 말자. 말로 하는 사랑보다는 일단 물질(사료)을 주는 사랑이 이번 단계에서는 우선이다. "남자의 사랑을 얻으려면 맛있는 것을 먹여라(the way to a man's heart is through his stomach)"는 서양 속담처럼 반려견의 마음을 얻으려면 우선 배를 채워 줘야 할 것이다.

'금강산도 식후경'인 만큼 배를 채우는 일은 원 스텝 트레이닝에서도 중요한 요소로 작용한다.

3단계: 즉시 보상 전진 5-5-5 트레이닝
(Quick Reward Forward Triple 5, QRFT 5)

이번 단계는 즉시 보상 전진 트레이닝의 마무리 단계인 즉시 보상 전진 5-5-5 트레이닝(QRFT 5)을 할 시간이다. 이전 단계와 같은 방식으로 트레이닝을 하면 된다. 여기서도 앞 과정과의 유일한 차이점은 보폭 수 말고는 없다. 즉, 파이브 스텝 후 보상, 파이브 스텝 후 보상, 그리고 마지막으로 파이브 스텝 후 보상을 해 주면 된다.

반려견이 즉시 보상 전진 5-5-5 트레이닝(QRFT 5)까지 잘했다면, 원 스텝 나갈 때마다 보상이 나온다면 다음 걸음은 원 스텝이란 것을 예측해서 행동할 경우가 발생할 것이다. 학습되었기 때문에 예측력이 생겼기 때문이다. 그 결과 보상을 빨리 얻기 위한 선행행동을 시작하기도 한다. 이는 보호자의 보상 타이밍이 본인도 모르게 '패턴화(pattern)'되었기 때문에 나타나는 현상이다. '패턴화'란 반려견 트레이닝 시 특정 시점이나 일정한 간격으로 보상이 나오는 것이 고정화되어 어떤 시점이나 특정 행동 후에는 보상물이 나온다는 사실을 반려견이 알게 되는 현상을 말한다.

트레이닝이 '패턴화'가 되어 버리면 반려견은 다음 보상 시점을 알게 되므로 트레이닝에 재미가 없어지고 집중력도 떨어지게 된다. 반려견은 원 스텝 트레이닝을 하나의 놀이로 생각한다. 보물찾기가 재미있는 것은 어디에 보물이 있는지 그 보물은 어떤 것이 될지 상상하면서 찾기 때문이다. 반려견도 마찬가지다. 보상이 언제 어디서 나올지 모르는 상황에서 기쁘게 트레이닝에 임하고 있는데 보상이 어디서 나오고 언제 나올지를 보호자가 굳이 알려 준다면, 놀이로써 재미가 급격히 떨어져 쉽게 흥미를 잃을 수도 있다. 마치 보호자가 오랜만에 재미있는 영화를 보러 가려고 마음을 먹고 있는데, 그 영화를 보고 온 지인이 굳이 말해 주지 않아도 될 줄거리를 모두 말해 버릴 때 그 사람은 스포일러(spoiler)가 되는 것처럼 말이다. 그러므로 보호자는 트레이닝 시 반려견에게 보상 타이밍이 노출되지 않도록 주의를 해야 한다.

다만 일부 보호자는 동일 걸음 수 트레이닝의 경우 보상이 같은 걸음 수에 따라 나오게 되므로 그 자체가 스스로 '패턴'을 만들게 된다는 사실을 간파했을 것이다. 맞는 말이다. 그러나 1단계부터 3단계까지는 패턴화가 되었을 때의 단점에도 불구하고 보호자가 보상을 주는 타이밍을 연습하기 위해 고안되었기 때문에 현재는 보상을 주는 타이밍에 집중하면 되겠다.

기초 과정에서 반려견이 보상 시점을 예견하여 행동하는 선행행동은 차후 진행되는 트레이닝을 통해 자연스럽게 교정할 수 있다. 여기서는 '패턴화'가 무엇인지 개념을 이해하는 정도에서 넘어가도 무방하다.

그리고 원 스텝 트레이닝을 꾸준히 하면 이제 트레이닝 할 타이밍만 되면 적극적으로 변하는 반려견의 모습을 볼 수 있을 것이다. 보호자가 트레이닝을 끝내는 제스처를 취하면 심지어 더 하자고 조르는 모습까지도 보이는 반려견도 있을 것이다. 하지만 아쉽게도 바로 그때가 트레이닝을 멈춰야 할 때임을 명심하자.

더 하자고 졸라도 지금은 트레이닝을 멈출 때임을 명심하자.

TIP 8 핵심은 타이밍이다!

반려견 트레이닝을 완성하려면 보상을 주는 적절한 타이밍을 포착한 후 놓치지 않고 바로 그 시점에 보상을 주어야 한다.

"그게 뭐 그리 어렵겠냐"고 반문할 수 있겠지만 트레이닝 과정에서 요구되는 보상을 줄 수 있는 적절한 행동이 일어나는 시점은 길어도 1초 정도밖에 되지 않는다는 점을 생각하면 왜 타이밍이 중요한지 알 수 있다.

예를 들어 원 스텝 후 앉는 동작(즉시 보상 전진 1-1-1 트레이닝)에서 보상 타이밍을 놓쳤다고 해 보자. 반려견이 앉은 후 2~3초가 지난 후 보상을 주게 되면 (이 경우 지연 보상 전진 1-1-1 트레이닝이 되어 버린다) 반려견 은 앉은 것에 대한 보상이 아니라 기다렸기 때문에 보상을 받았다고 생각할 것이다.

즉시 보상 전진 트레이닝 단계에서는 반려견이 기다렸다고 보상을 주는 것이 아니라 원 스텝 후 '앉는 동작'에 대해서 보상을 줘야 한다. 정확한 타이밍에 보상을 주게 되면 반려견도 원 스텝 후 앉는 동작을 해야 보상을 받는다는 것을 쉽게 이해하게 된다.

타이밍을 놓친 보상의 경우 반려견은 보상의 의미를 보호자의 의도와 다르게 해석할 것이다. '뭐 그래도 했으면 됐지'라고 안일하게 생각할 수도 있겠다. 하지만 이런 것이 한두 개도 아닌 열 개 정도 쌓인다고 생각해 보라. 보호자의 의도와 반려견의 해석은 완전히 동상이몽(同牀異夢)이 될 것이다. 부정확한 타이밍의 보상은 보호자를 지치게 하고 반려견에게 혼란만 가중할 것이다. 그러다 결국에는 트레이닝을 처음부터 다시 시작해야 하거나 트레이닝을 포기하는 경우도 발생하게 된다.

적절한 타이밍에 한 보상은 보호자에게 큰 성취감을 줄 것이다.

4단계: 즉시 보상 전진 1-3(5)-5(3) 트레이닝
(Quick Reward Forward 135, QRF 135)

이번 4단계에서는 원 스텝 후 즉시 보상을 한 후 다음 스텝을 원 스텝이 아닌 쓰리 스텝이나 파이브 스텝으로 가져가면서 반려견에게 즉시 보상을 하게 된다. 3단계까지의 트레이닝이 동일한 걸음 수(원 스텝 또는 쓰리 스텝 등)로 이루어졌다면 이번에는 원 스텝, 쓰리 스텝, 파이브 스텝을 혼합한 형태의 트레이닝을 할 것이다. 원 스텝 후 다음이 원 스텝이라고 예견했던 반려견이 원 스텝 후 쓰리 스텝 후 보상 또는 파이브 스텝 후 보상이 나오게 되면 순간 당황하게 된다. 이렇게 동일 걸음 수가 아닌 혼합된 스텝의 트레이닝을 하게 되면 반려견은 이번 과정을 전혀 새로운 트레이닝으로 인식해 집중하게 된다.

미래의 행동을 예단하지 못한다는 새로운 상황이 만들어진 것이다. 이 경우 반려견은 보호자에게 더욱 집중하면서 보호자의 행동 하나하나에 신경을 쓰게 된다. 그럼으로써 반려견은 트레이닝에 흥미를 더 느끼게 된다. 언제 어떤 행동을 취할까 고민을 하면서 보호자를 주시하므로 이번 트레이닝의 난이도는 앞의 3단계까지보다 조금 더 높다 할 것이다.

그렇다고 처음부터 원 스텝이 아닌 쓰리 스텝이나 파이브 스텝으로 한 번에 나가는 것은 추천하지 않는다. 처음 시작은 원 스텝부터 할 것을 권한다. 왜냐하면 원 스텝 후 사료가 제공되면 반려견은 드디어 '게임이 시작되었구나'라고 생각하며 트레이닝에 임할 태세를 갖추기 때문이다. 반려견이 트레이닝 전에는 보호자를 사랑하는 눈빛으로만 봤다면 이제는 사랑의 눈빛에 더하여 당신의 명령과 행동을 갈망하는 눈빛까지 더해서 보호자를 바라볼 것이다.

트레이닝을 하는 방식은 원 스텝 후 사료를 제공하고 얼마간의 시간을 준 후 쓰리 스텝을 걷거나 파이브 스텝을 걸은 후 멈추고 반려견이 보호자와 발걸음을 맞춘 후 잘 따라 걸은 후 앉으면 즉시 사료를 주면 된다.

이 단계에서 주의점은 즉시 보상이라고 하여 원 스텝 후 바로 쓰리 스텝으로 나갈 필요는 없다는 것이다. 원 스텝과 쓰리 스텝과 파이브 스텝 사이에 어느 정도 시간을 가져야 한다. '즉시 보상' 트레이닝에서 '즉시'라는 시점은 보상의 시점이다. 스텝을 즉시로 하라는 의미가 아니다.

원 스텝 후 다음 스텝으로 걸어 나갈 때 잠시 휴지 시간을 주는 이유는 트레이닝 과정에 반려견을 적극적으로 참여시키기 위함이다. 잠시의 휴지 시간 동안 앞으로의 과정이 어떻게 펼쳐질지를 반려견이 생각할 수 있도록 시간을 주는 것이다. 그렇게 함으로써 반려견은 원 스텝을 단순히 기계적인 동작으로만 배우지 않고 스스로 생각하면서 트레이닝을 익힐 수 있게 된다. 결과적으로 반려견은 트레이닝에 액티브하게 참여할 수 있게 된다.

또한, 즉시 보상 전진 '1-3-5' 트레이닝을 한다고 해서 계속하여 원 스텝 → 쓰리 스텝 → 파이브 스텝 순으로만 반복할 필요는 없다. 원 스텝 → 쓰리 스텝 → 파이브 스텝 순으로 했다면 중간중간에 한 번씩 원 스텝 → 파이브 스텝 → 쓰리 스텝 그리고 필요하다고 보호자가 판단되면 중간에 원 스텝 → 쓰리 스텝 → 쓰리 스텝을 섞어 주어도 된다. 이 책에 나와 있는 스텝은 보호자의 이해를 돕기 위한 하나의 예시일 뿐이다. 트레이닝 도중 보상이 패턴화된다는 느낌이 온다면 반려견이 따라올 수 있는 범위 내에서 스텝을 변경하여 트레이닝을 진행하는 것도 필요하다. 중요한 것은 책에 나와 있는 스텝을 정확히 답습하는 것보다 보상의 '패턴화'를 막는 것이다.

앞서 설명처럼 반려견 트레이닝에서의 가장 큰 위험은 바로 트레이닝이 패턴화되는 것이다. 패턴화되는 이유는 보호자가 트레이닝에 익숙하지 않아서 처음 시작한 트레이닝 방식을 트레이닝을 끝내야 할 시점까지 동일하게 유지하기 때문이거나, 트레이닝이 재미가 있어 너무 몰입한 나머지 패턴을 바꿔 줘야 하는 타이밍을 놓치기 때문이다. 이유야 어떠하든 패턴화는 반려견에게 트레이닝은 지루하고 재미없는 것으로 받아들이게 할 수 있는 만큼 트레이닝 도중 한두 번은 순서를 바꿔 패턴화를 방지해야겠다.

5단계: 즉시 보상 전진 1-5(7)-7(5) 트레이닝
(Quick Reward Forward 157, QRF 157)

이제 걸음 수를 늘려 보자. "걸음 수를 늘리는 것이 무엇이 힘든 일인가?"라고 질문할 수도 있겠다. 이제껏 잘했는데 "스텝 수 좀 늘렸다고 하늘이 무너지겠어"라고 생각할 수 있겠지만, 반려견 트레이닝에서 방심은 금물이다. 정말 하늘이 무너질 수도 있는 게 반려견 트레이닝이다.

　파이브 스텝을 잘한 반려견은 세븐 스텝도 잘할 수 있을 거라 생각되지만 걸음이 길어지면 의외로 트레이닝에 집중하지 못하는 반려견들을 종종 볼 수 있다. 트레이닝에 어느 정도 익숙해질 때까지는 사소해 보이는 스텝 수의 변화가 반려견에게는 엄청 큰 변화로 느껴질 수도 있다. 걸음 수를 차츰 늘리는 것이 중요한 이유는 장거리 산책 시 반려견이 차분하게 보호자와 동행할 수 있기 위한 예행연습이기 때문이다.

트레이닝 없이도 차분하게 산책을 할 수 있는 태생적으로 성격이 차분한 반려견도 있다. 이런 반려견을 만난다는 것은 보호자에게는 아주 큰 행운이다.

　5단계에서는 원 스텝 후 즉시 보상을 하고 다음 스텝을 쓰리 스텝이 아닌 파이브 스텝이나 세븐 스텝으로 가져가면서 트레이닝을 진행하게 된다. 이번 단계는 4단계 트레이닝의 확장된 형태이며 4단계에서는 하지 않았던 세븐 스텝까지 있다는 점만 차이가 있을 뿐이다. 4단계에서 주의한 것과 마찬가지로 즉시 보상 전진 1-5-7 트레이닝을 중심으로 중간에 원 스텝 → 세븐 스텝 → 파이브 스텝을 한 번씩 섞어 주고 즉시 보상 전진 1-7-5 트레이닝을 중심으로 트레이닝을 한 경우라면 중간에 원 스텝 → 파이브 스텝 → 세븐 스텝을 섞어 주어 패턴화를 방지하면 되겠다.

설명처럼 반려견이 잘 따라왔다면 큰 문제는 없을 것이다. 하지만 걸음 수가 많아져 반려견의 집중력이 떨어진 상태라면 주의할 점이 있다. 트레이닝이 재미있는 상태에서 끝이 안 나고 반려견이 지루하다고 느끼거나 트레이닝 시간이 길어져 힘들다고 느낄 때 트레이닝을 종료하게 되면 향후 트레이닝을 거부하는 상태까지 벌어질 수 있다. 만약 이번 트레이닝에서 세븐 스텝까지 걸어갈 때 집중력이 급속히 떨어지는 모습(세븐 스텝에 집중하지 않고 트레이닝 중 다른 곳을 보거나 보호자 옆에서 이탈하여 다른 장소로 가버린 경우)을 보인다면 트레이닝을 더는 진행하지 말자. 이런 경우 5단계 트레이닝을 즉시 종료하는 것이 좋다. 그리고 1단계 트레이닝인 즉시 보상 전진 1-1-1 트레이닝(QRFT 1)으로 다시 돌아가자. 집중력이 떨어졌다면 가장 쉬운 원 스텝에서 반려견이 따라 하도록 유도한 뒤 보상을 주자. 보상의 즐거움을 통해 집중력을 향상한 후, 다시금 5단계에 도전할 수 있도록 도와주는 과정이 필요하다.

이제껏 잘해 왔는데 진도를 나가지 못하고 다시 원점으로 가라고 하니 보호자들은 실망할 수도 있겠다. 그러나 원점으로 돌아가더라도 처음 시작하는 수준의 원점은 아니므로 너무 좌절하거나 실망할 필요는 없다. 원점으로 돌아간 이유는 반려견에게 트레이닝은 재미있는 것이라는 점을 다시 한번 인식시켜 주고 쉬운 동작을 성공하게 함으로써 반려견이 자신감을 가질 수 있도록 하기 위함이다.

오늘도 열심히 따라와 준 고마운 반려견들에게 시원한 물로 하루의 피로를 씻어주자.

6단계: 즉시 보상 전진 1-3-5-7-9 트레이닝
(Quick Reward Forward 13579, QRF 13579)

이제 기본 과정의 마무리 단계로 들어가 보자. 여기서 즉시 보상 전진 1-3-5-7-9 트레이닝(QRF 13579)에 나와 있는 스텝 순서는 하나의 예시임을 잊지 말자. 아마 이 책을 읽는 보호자들도 지금까지 설명했던 즉시 보상 전진 1-3-5 트레이닝(QRF 135)이나 즉시 보상 전진 3-3-3 트레이닝 (QRFT 3)을 절대적인 것으로 받아들였을 수도 있을 것이다. 이것 또한 당신이 이 책을 읽으면서 자신을 스스로 패턴화시킨 경우인데 이제 시작 단계이니 트레이닝을 익힌다는 측면에서는 긍정적이다. 하지만 차츰 트레이닝이 진행될수록 보호자 스스로가 지금 내가 패턴화가 되고 있지는 않은지 항상 유의할 필요가 있다.

즉 트레이닝 시작 때만, 원 스텝 후 즉시 보상을 하면 다음 걸음은 파이브 스텝이 되든 쓰리 스텝이 되든 심지어 나인 스텝(물론, 반려견이 보호자를 따라 나인 스텝을 잘 따라온다고 했을 때)이 되든 상관이 없다. 매 걸음 사료만 적절히 보상하기만 하면 된다.

사료 보상 시 보호자 혼자 마음이 급하여 사료를 바닥에 떨어뜨리는 일이 없도록 주의하자.

6단계를 연습하려면 집안보다는 야외에서 하는 것이 좋을 것이다. 당신의 반려견이 곧잘 6단계 트레이닝을 따라 한다면 즐겁게 몇 번 하고 1단계에서 5단계까지 중 당신이 원하는 과정을 중간에 불규칙적으로 넣어서 트레이닝을 해도 된다. 이 과정까지 다행스럽게도 당신의 반려견이 고맙게도 잘 따라와 주었다면 이제 기본 과정은 마무리해도 좋을 것이다.

다음 과정은 중급 과정인데 당장은 중급 과정까지 나갈 필요가 없다고 생각되는 보호자들은 기본 과정을 되풀이하는 것도 좋은 반려견 트레이닝 방법이다. 지금껏 익힌 과정을 좀 더 숙달될 수 있게 시간을 들여 반복하는

원 스텝 트레이닝이 계속 진행되면 어떠한 동작을 하지 않더라도 반려견이 보호자를 집중하여 응시(eye contact)하는 모습이 자주 나타날 것이다. 반려견이 보호자를 응시하는 횟수와 시간이 늘어날수록 트레이닝 진행은 더욱 부드럽게 진행될 것이다.

것도 중급 과정으로 진도를 나가는 것만큼 의미 있는 일이기 때문이다.

원 스텝 트레이닝은 진도를 나가는 것 자체에 큰 의미를 두는 트레이닝 과정이 아닐뿐더러 여러 가지 동작을 익히는 것이 목적인 기존 트레이닝 과도 차별화된 트레이닝이다. 트레이닝을 하는 동안 반려견이 원 스텝 트레이닝을 즐거운 놀이로 받아들였다면 이미 원 스텝 트레이닝의 절반은 성공한 것이다.

아는 만큼 보인다: 반려견 행동관찰법

그럼 이제 보호자가 자신의 반려견에 대해 최고의 전문가가 되는 방법을 알아보도록 하자. 반려견 트레이닝도 결국 반려견이 보호자 및 보호자의 가족 구성원들과 행복하게 지낼 수 있도록 만드는 기술이다. 따라서 당신의 반려견이 어떻게 생각하고 행동하는지 안다면 반려견을 이해하기가 더욱더 쉬울 것이다.

행동관찰법이란 반려견의 드러난 행동만을 기준으로 반려견의 심리를 판단하는 것이다. 반려견들은 몸동작을 통해서 자신의 감정과 성격을 나타낸다. 평소와 다른 행동을 할 수 있는 상황이 만들어졌다면 반려견의 행동관찰은 필수이다. 예를 들어 반려견을 평소 익숙한 장소가 아닌 낯선 카페 등에 데리고 갔을 때, 반려견이 어떤 행동을 하는지 항상 관찰하는 습관을 지니자.

동물병원에 난생처음으로 건강검진을 받으러 간 반려견의 경우를 생각해 보자. 처음 맡아보는 소독약 냄새, 처음 보는 수의사 선생님과 간호사 선생님, 그리고 무시무시해 보이는 검사 도구까지 온통 낯설고 두렵기만 할 것이다. 피 검사를 위해 앞다리 털 일부를 밀어야 하기도 하고 심전도 검사를 위해 집게처럼 생긴 검사 도구들을 몸에 꽂을 때 반려견은 어색함과 거부감 그리고 때로는 두려움을 느끼게 될 것이다.

처음에는 잘 참는 듯한 모습을 보일지라도 이내 시간이 지나도 보면 한 번 찔려본 경험이 있는 주삿바늘은 아직 찌르지도 않았는데도 주삿바늘을 보는 순간 아프다고 '깨깽'하면서 엄살을 부리기도 한다.(정말 주삿바늘이 아파서 신음소리를 낼 수도 있고 아닌 경우도 있다) 그러니 보호자는 엄살을 부리는 경우라면 다독여서 괜찮다고 진정을 시켜주거나 자꾸 엄살을 부려 검사 진행이 원활하지 않게 되면 단호하게 야단을 처서라도 건강검진이 신속히 진행될 수 있도록 해야 한다. 엄살인지 진짜 아픈지 반려견이 말을 해주는 것이 아니므로 보호자가 유심히 반려견의 행동들을 관찰해야 한다. 꾸준한 행동관찰을 통해 보호자는 평소 몰랐던 반려견의 심리를 파악할 수 있게 된다. 그리고 어떤 경우에 반려견이 엄살을 부리는지 어떤 검사를 무서워하는지를 구체적으로 알 수 있게 된다.

개들이 배를 보이는 행동은 과거에는 전형적인 복종의 의미로 해석했다. 하지만 최근에는 다른 해석을 내는 학자도 있다. 따라서 보호자들은 반려견의 행동이 어떤 의미인지 현실적으로 파악할 필요가 있다. 배를 보이는 행동 하나도 학자에 따라서 다양한 의견을 내므로 보호자들은 이런 이론적 설명을 참고하여 자신의 반려견 행동을 관찰한 후 본인의 반려견이 어떤 의도로 행동을 하는지 파악해야만 반려견과 올바른 의사소통을 할 수 있다.

트레이닝을 거부하는 상황이 발생하지 않도록 하는 방법

반려견이 이제껏 잘해 오던 트레이닝을 어느 순간 거부를 하거나 트레이닝에 의욕을 보이지 않는 경우가 종종 생긴다. 트레이닝을 거부하거나 의욕이 없어진 것이 반려견이 컨디션이 좋지 않아 발생한 경우라면 트레이닝을 잠시 멈추자. 그리고 컨디션이 회복될 수 있도록 휴식 시간을 주고 적절한 식사, 필요하다면 보조 영양제 등을 공급하자. 이렇게 컨디션 회복을 돕는다면 머지않아 컨디션이 좋아져 트레이닝에 재차 의욕을 보이게 되므로 큰 문제는 없을 것이다.

그러나 사료를 먹다가 사레들린 경우나 트레이닝 중 다친 경우 그리고 야외 트레이닝 시 돌발 상황으로 인해 반려견이 정신적인 충격을 받은 경우는 주의해야 한다. 컨디션 난조로 인한 트레이닝 거부와는 상황이 다르므로 그런 상황이 발생했다면 트레이닝을 즉시 중단한 후 적절한 조치를 해야 한다.

야외 트레이닝 시 자전거가 반려견 옆으로 씽 지나간 경우와 아이들이 소리를 지르며 반려견을 쫓아 온 경우 또는 자동차 경적에 놀란 경우 등은 트레이닝을 잠시 멈추고 얼마간 반려견 행동을 관찰해야 한다. 대부분의 경우 일시적인 것으로 그치고 스스로 정신을 가다듬고 트레이닝에 임하게 되므로 큰 문제가 되지 않으나, 몇몇 경우는 영구적인 트레이닝 거부 상황으로 악화되는 경우도 있다.

엉덩이를 다른 개에게 심하게 물린 반려견은 트레이닝에 집중하지 못하고 항상 엉덩이 쪽을 돌아보며 거기에만 신경을 쓰게 된다. 그러므로 보호자는 반려견에게 영구적인 트레이닝 거부를 불러올 만한 사건이 생기지 않도록 사전에 차단하는 노력이 필요하다. 그러기 위해서 보호자는 트레이닝 중간중간 트레이닝을 방해하는 위험 요소는 없는지 확인하고 반려견이 트레이닝에 임하도록 해야겠다.

트레이닝 시 돌발 상황이 언제 나타날지 모르므로 보호자는 항상 주변을 살펴 반려견이 트레이닝을 거부하는 극단적인 상황을 만들어서는 안 되겠다.

제 2 장

원 스텝 트레이닝 중급 과정

　기본 과정을 충분히 익힌 보호자라면 아마 반려견 트레이닝에 상당한 재미를 느꼈을 것이다. 그리고 원 스텝 트레이닝을 통해 당신의 반려견이 얼마나 변화할 수 있는지도 경험했을 것이다. 이제 기본 과정에서 터득한 기본기를 가지고 중급 과정으로 들어가 보자.

　중급 과정은 크게 두 파트로 구성된다. 처음에는 보상을 일부러 지연해서 반려견의 인내심과 집중력을 향상하는 '지연 보상 과정'을 하게 된다. 그리고 나서 보호자가 걸음 수를 많이 늘려서 걸었을 때도 반려견이 보호자에게서 이탈하지 않고 잘 따라올 수 있도록 하는 '보행의 수월성 향상 과정'으로 진행해 나갈 것이다.

1단계: 지연 보상 전진 1-1-1 트레이닝
(Delayed Reward Forward Triple 1, DRFT 1)

기본 과정 1단계에서 했던 것처럼 이번 중급 과정 1단계도 원 스텝 후 보상 그리고 원 스텝 후 보상 마지막 원 스텝 후 보상을 주는 방식으로 진행하면 된다. 그러나 이번 과정이 중급 과정인 이유는 바로 보상을 주는 타이밍이 달라지기 때문이다. 기초 과정인 즉시 보상 전진 1-1-1 트레이닝(QRFT 1)이 반려견이 당신의 원 스텝에 맞춰 걸은 후 앉으면 즉시 사료 보상을 해 준 것과 달리 이번 지연 보상 전진 1-1-1 트레이닝(DRFT 1)에서는 사료 보상을 즉시 하지 말고 3~5초 후(이 시간은 절대적인 것이 아니며 트레이닝이 진행될수록 보호자는 반려견 상태를 확인해 가며 시간을 늘려야 할 것이다) 사료를 준다는 점이 다르다.

이렇게 사료 보상을 지연시키는 이유는 반려견에게 인내심을 가지게 하기 위함이다. 즉시 보상이 원 스텝 후 앉는 동작을 강화하기 위한 과정이었다면 이번에는 이런 동작에 익숙해진 반려견에게 올바른 동작을 하고 난 후 보상을 받기 위해서는 때로는 기다려야 한다는 것을 학습시키기 위한 것이다.

이제 앞으로 진행될 지연 보상 전진 트레이닝 과정에서 사료 보상을 할 때 주의점을 알아보도록 하자. 주의점은 당신의 반려견에게 불필요한 경험을 하게 만들어서는 안 된다는 것이다. 불필요한 경험을 많이 하게 되면 보호자가 원하지 않았던 행동들을 반려견이 학습하는 결과가 발생하게 된다. 이러한 동작들은 차후 제거해 줘야 하므로 불필요한 경험은 보호자와 반려견 모두에게 좋지 않다.

예를 들어 반려견은 지금까지와 다르게 보상이 바로 안 나온다는 새로운 환경에 직면하게 되었다. 반려견은 이 새로운 상황에 맞게 '어떻게 하면 사료를 먹을 수 있을까?' 고민하다가 다양한 행동을 하게 되는데 가장 대표적인 행동이 뛰어오르는 것이다. 보호자의 손안에 사료가 있다는 것은 이미 반려견이 충분히 경험한 후라 보호자의 손안에 든 사료를 먹기 위해 가장 손쉬운 방법으로 뛰어오르게 된다.

이번 트레이닝이 반려견 점프 트레이닝이 아님을 기억하자. 물론 점프를 했다고 해서 사료를 주게 되면 문제는 더 심각해지니 원하지 않았던 행동에 대해서 보상을 주는 일이 없도록 하자. 이번 트레이닝의 목표는 반려견이 보상이 지연되고 있음에도 보호자를 응시하면서 기다릴 수 있도록 인내심을 키우는 것인 만큼 보호자도 침착하게 대응해야 한다. 뛰어오르는 일이 생기지 않도록 사전에 차단하도록 노력하자.

보호자가 방심한 바로 그 순간 반려견이 점프할 수 있으므로 지연 보상을 차분히 기다릴 수 있는 수준에 오기까지 방심은 금물이다.

2단계: 지연 보상 전진 3-3-3 트레이닝
(Delayed Reward Forward Triple 3, DRFT 3)

이번 2단계에서는 쓰리 스텝 후 보상 그리고 쓰리 스텝 후 보상 마지막 쓰리 스텝 후 보상의 순으로 진행하면 된다. 처음에는 쓰리 스텝 후 보상을 동일한 시간(3~5초)으로 지연 보상을 해 주고 이게 잘되면 각 쓰리 스텝 후 보상이 나오는 시기에 변화를 줘도 좋다. 이는 마무리 과정에서 랜덤 보상 방식에서 연습하게 되긴 하지만 보호자가 지금부터 보상 주는 것에 어려움을 느끼지 않는다면 동일한 보상 시간 간격으로 진행할 필요는 없겠다. 보상 시기를 다르게 주는 것에 대한 이론적 설명은 〈제4부 원 스텝 트레이닝 속에 숨겨진 학습 원리〉에서 자세히 다루도록 한다. 하지만 보상 주는 것이 여전히 익숙하지 않다면 괜히 보상 주는 시기에 변화를 주려 하지 말고 보상을 제때 주는 것에 신경 쓰도록 하자.

여기서는 기초 과정에서 품었던 의문 하나를 해결하고 가 보자. 보상을 사료가 아닌 칭찬으로 대체해 사용하는 것에 대한 것 말이다. 이미 칭찬도 얼마든지 훌륭한 보상이 될 수 있다는 것을 보호자들도 잘 알고 있으

보상이 나올 때라고 판단한 반려견이 보상이 나오지 않음에도 불구하고 차분하게 기다리고 있다.

리라 생각된다.

기초 과정에서 '칭찬'을 보상으로 사용하지 않은 것은 보상물로써 값어치가 작아서 그런 것이 아니다. 흔히 말하는 조형(shaping)[52]에서 반려견이 칭찬보다 사료를 보상물로 더 쉽게 받아들일 수 있기 때문이다. 이제 중급 과정이니 사료와 칭찬을 서로 번갈아 보상물로 나오게 함으로써 반려견이 보호자에게 더욱 집중하게 할 수 있다. 그렇다면 이제 여기서 본격적으로 어떻게 칭찬할지 '칭찬'하는 법을 알아보자.

'칭찬'할 때 '칭찬어'는 어떤 단어든 무방하다. 예를 들어 잘했을 때 "옳지!", "굿 보이!(good boy)" 또는 "좋아 댕댕이(반려견 이름)" 등 어떤 말이든 상관없다. 왜냐하면 반려견은 단어 그 자체보다 '칭찬어'의 억양이나 칭찬어를 말할 때 반려견에게 전달되는 보호자의 감정 등을 느끼는 것이기 때문이다. [53]

다만 칭찬 시 보호자가 하이 톤(high tone)으로 칭찬을 할 경우, 심지어는 하이 톤의 칭찬에 과도한 스킨십까지 더하게 될 때 반려견이 보호자의 하이 톤에 반응하여 과하게 흥분하게 될 수도 있다. 로우 톤(low tone)으로 칭찬하는 것이 하이 톤 으로 칭찬하는 것보다 흥분을 덜 하게 된다.

---

52) 조형은 조성이라고도 한다.
53) '영리한 한스 효과(clever Hans effect)'에서처럼 보호자의 몸짓과 태도는 반려견에게 큰 영향을 주게 된다. 반려견은 보호자가 명령어를 쓸 때 억양과 분위기로 명령어를 구분하게 된다.

반려견이 기운이 없거나 트레이닝 전 기분 전환이 필요하다 싶을 때 쉬운 동작을 성공하게 도와주고 하이 톤으로 보상을 해 주면 하이 톤에 즐겁게 반응하는 반려견의 모습을 볼 수 있다. 그러나 하이 톤 칭찬이 반려견을 매우 즐겁게 해 줄 수 있는 것은 맞지만 하이 톤 칭찬만이 가장 좋은 칭찬법이라고 판단한다면 오산이다. 로우 톤 칭찬도 하이 톤 칭찬만큼 의미가 있으며 각자 보상의 용도가 다르다는 면에서 차이가 있을 뿐이다. 따라서 칭찬은 무조건 하이 톤으로 해야 한다는 무조건적인 '하이 톤 칭찬 옹호론'은 주의해야 한다.

지연 보상 시 낮은 음으로 "굿~(구우웃)" 또는 "옳지~(오옳지)"처럼 길게 음을 늘어트려 칭찬함으로써 반려견이 침착하게 보상을 기다릴 수 있도록 해주는 것이 좋다. 이때 톤을 높이면 반려견이 '뭐지? 내가 뭘 잘했지?' 하며 흥분하며 방방 뛸 수 있으므로 톤은 낮게 유지해 준다. 이번 트레이닝은 되도록 반려견을 흥분시키지 않고 안정된 상태에서 트레이닝을 하는 것이 목표임을 다시 한번 명심하자.

TIP 9 '칭찬'과 '보상을 위한 명령어'를 다르게 사용하자

'칭찬'은 트레이닝이 진행되는 상황에서 주는 보상임에 반해 '보상의 명령어'는 트레이닝이 종료되는 시점에서 보상을 줌과 동시에 칭찬해 주는 것을 말한다.

흔히 보호자들이 범하는 실수는 칭찬과 보상의 명령어를 같은 단어로 사용하는 것이다. 그렇게 되면 반려견들은 트레이닝이 종료되었는지 계속 진행되는 것인지 혼란을 겪게 된다. 예를 들어 원 스텝 후 "옳지~!"라고 큰소리로 보상을 하는 경우 반려견은 트레이닝이 끝났다고 생각해서 자리를 이탈하려고 하는 모습을 보이게 된다. 즉 보호자는 반려견에게 칭찬으로 보상을 하려 했는데 반려견은 보호자가 트레이닝이 끝났다는 종료의 명령어로 이해를 한 것이다.

같은 단어를 쓰려거든 악센트의 차이를 주거나 동작을 다르게 하여 이 둘을 구분해서 사용하는 것이 좋다. 그냥 굿은 칭찬, 굿보이는 칭찬과 보상, 오케이는 트레이닝 종료 등으로 구분하면 트레이닝 과정 속에서 반려견의 혼란을 줄여 줄 수 있다.

3단계: 지연 보상 전진 5-5-5 트레이닝
(Delayed Reward Forward Triple 5, DRFT 5)

이번 3단계에서도 동일 걸음 수에 따른 보상을 하되 보상 타이밍을 지연시키는 연습을 추가해 볼 것이다. 3단계까지 잘 진행되었다면 앞으로 남은 트레이닝에서도 좋은 성과를 낼 수 있을 것이다. 보호자 입장에서 조금 따분할 수도 있겠다.

하지만 인내심을 가지고 꾸준히 트레이닝에 임해 보자. 모든 연습 과정이 그렇듯 연습 시간 동안은 따분하고 지루할 수도 있겠지만, 트레이닝이 진행될수록 달라지는 당신의 반려견의 모습을 보면 그동안의 따분함이 사라지게 될 것이다.

방법은 크게 다르지 않다. 파이브 스텝 후 보상 파이브 스텝 후 보상 그리고 마지막 파이브 스텝 후 보상을 하되 보상을 즉시 하지 말고 지연해서 주면 된다. 그리고 2단계에서 연습한 것처럼 보상 주는 것이 잘되면 이번에는 마지막 파이브 스텝에서 10초 정도 보상을 지연했다가 줘 보는 것도 가능할 것이다. 만약 반려견이 10초를 기다리지 못하고 움직이거나 이탈한다면 아직 10초를 기다릴 수 있는 수준이 안되기 때문이다. 그러니 혼을 내거나 실망할 필요는 없다. 10초를 기다리지 못한 경우는 7초 정도 기다렸다 지연 보상을 주면 된다. 즉, 처음부터 10초가 안 되면 지연 시간을 차츰 늘려 10초를 기다릴 수 있도록 유도해주면 된다.

지연 보상에서 흔히 범하게 되는 실수는 반려견이 보호자를 응시하면서 사진처럼 저렇게 촉촉한 눈망울로 보호자를 쳐다볼 때 자신도 모르게 사료를 주는 것이다. 반려견의 눈을 쳐다보고 있으면 눈망울이 너무 투명해서 선하게 느껴지고 보호자를 향해 뭔가를 원하는 듯한 애절한 눈빛을 보내 간식이라도 하나 더 줘야겠다는 마음이 저절로 드는 것은 사실이다.

　최근에는 개들이 가지고 있는 눈동자 속 비밀들이 속속 밝혀지고 있다. 그러니 이러한 눈빛에 마음이 약해져서 지연 보상 과정 중임에도 불구하고 즉시 보상을 해버린 보호자의 행동은 지극히 정상적인 것이라 하겠다. 다만 너무 자주 그러지만 않으면 큰 문제는 없으니 걱정할 일은 아니다.

지연 보상 트레이닝 시 보호자는 저 촉촉한 눈을 보게 될 때 지연 보상을 하지 않고 본인도 모르게 즉시 보상을 하게 됨에 유의해야 한다.

4단계: 지연 보상 전진 1-3(5)-5(3) 트레이닝
(Delayed Reward Forward 135, DRF 135)

이번 4단계에서는 걸음 수에 변화를 줘 가면서 트레이닝에 임해 보자. 원 스텝 후 지연 보상(3초), 쓰리 스텝 후 지연 보상(5초), 마지막 파이브 스텝 후 지연 보상(2초) 순으로 보상을 줘 보자. 여기서 말하는 지연 보상의 시간은 임의적인 것임을 재차 명심하자. 지연해서 보상을 주기만 한다면 반려견이 집중해서 기다릴 수 있는 어떠한 시간도 상관이 없다.

차츰 난이도를 올리면서 자신의 반려견이 얼마나 기다릴 수 있는지 확인하는 것도 이 과정에서 짚고 넘어가야 하는 중요한 요소이다. 반려견이 기다릴 수 있는 시간보다 너무 오래 기다리게 해서 집중력이 흐트러지는 경우가 생기게 할 필요가 없기 때문이다.

예를 들어 반려견은 현 단계에서 최대 10초를 기다릴 수 있는 상태임에도 불구하고 보호자는 20초 후 보상을 하려고 했다 해보자. 20초를 기다리지 못하고 10초 만에 반려견의 집중력이 떨어져 자리를 이탈했다면 반려견의 집중력에 문제가 있는 것이 아니다. 오히려 반려견의 상태를 확인 안 한 보호자의 잘못이다. 그러니 다른 반려견은 잘 기다리는데 보호자의 반려견만 못하다고 비교하면서 속상해야 할 필요가 없다. 이 부분을 소홀히 하고 넘어가면 그 어떤 집중력 좋은 반려견도 산만한 개가 될 뿐이다.

기초 복종(obedience) 트레이닝에 관하여

이 책은 기초 복종(obedience) 트레이닝에 관해 자세히 다루지는 않는다. 다만 기초 복종 트레이닝에 관심이 있는 보호자들도 있을 것이니 간단한 팁을 주고자 한다. 기초 복종 트레이닝은 기본적으로 '앉아', '엎드려', '기다려', '와' 등의 동작들로 구성되어 있다.

기초 복종 트레이닝은 반려견에게 기초 복종 동작을 어떻게 하는지를 가르치는 과정이 아님을 보호자는 우선 알아야겠다. 반려견은 이미 기초 복종 동작을 다 할 줄 안다. 반려견이 동작을 어떻게 해야 하는지 가르치는 게 아니라 무엇을 해야 하는지에 대한 신호[54]를 알려 주는 것이 기초 복종 트레이닝인 것이다.

기초 복종 트레이닝은 반려견의 행동 중 보호자가 필요로 하는 동작을 선택한 후 보호자가 보내는 신호를 통해 반려견이 표현할 수 있도록 약속을 가르치는 것이다. 신호는 몸으로 표현할 수도 있고 언어로 표현할 수도 있다. 처음에는 몸으로 신호를 표현하는 것부터 시작하고 몸으로 보내는 신호를 반려견이 어느 정도 이해한다고 싶으면 그때 언어로 신호를 주게 되는데 이를 흔히 '동작에 소리를 입힌다'라고 표현한다. 이 단계에서

---

54) 반려견 훈련 분야에서는 몸동작을 통한 신호인 '시부'와 소리를 통한 신호인 '성부'라는 용어를 사용하고 있는데 한자어에 익숙하지 않은 일반인이 한 번에 이해하기가 어려운 느낌이 있다. 시부(視符)는 눈에 보이는 신호라는 뜻이고 성부(聲符)는 소리 신호라는 뜻이다. 시부는 일반적으로 많이 사용되는 '손동작'으로, 성부는 그 내용을 구체적으로 나타내는 '명령어'로 바꾸는 것이 이해하기가 더 쉬운 것 같다.

는 몸으로 보내는 신호와 언어로 신호 주기를 병행하게 된다. 언어로 신호 주기란 명령어를 통해 반려견이 행동하도록 만드는 것이다.

몸으로 신호를 보낼 때는 반려견이 동작을 잘했다 하더라도 '동작에 언어를 입힐 때'는 또 다른 트레이닝처럼 인식되어 잘 따라오지 못하는 경우가 많다. 실제 기초 동작을 배우려고 반려견 예절 과정에 참여했던 일부 보호자들은 반려견들의 이런 혼동에 의구심을 품었으며 의심의 눈길을 보내는 경우도 많았다. 자신의 반려견이 지능이 떨어지는 것 같다고 의심을 하거나 다른 집 반려견과 비교하면서 실망을 하는 모습을 종종 보이기도 했다. "왜 이걸 못하지"라고 의아하게 생각하지 말고 인내심을 가지고 차근차근 진행해보자.

그럼 이제 손동작을 신호로 보내는 방법에 대해 알아보자. 몸으로 신호를 보내는 방법은 간단하다. 예를 들어 손을 아래로 향하는 동작을 반려견에게 엎드리는 자세의 신호임을 알려 준다고 해 보자. 처음에는 손을 아래로 향하는 동작에 반려견이 조금이라도 움찔한다면 바로 보상을 해 준다. 여기서 포인트는 '움찔'하기만 하더라도 보상을 준다는 것이다. '손을 아래로 향하면 당연히 엎드리겠지'라는 생각은 보호자만의 생각이다. 왜냐하면 보호자가 손을 아래로 향하는 것이 처음에는 밥을 먹으라는 것인지, 같이 놀자는 의미인지 반려견은 전혀 모르기 때문이다. 우리가 사용하는 지폐를 예로 들어보자. 종잇조각에 불과한 지폐가 통화(currency)로서 작용할 수 있는 이유는 그것으로 교환, 가치축적, 가치평가를 하자는 사회적 합의가 있었기 때문이다. 이처럼 손동작도 마찬가지다. 반려견과 보호자 사이의 합의가 있어야 손동작에 담긴 의미가 반려견에게 전달 될 수 있다. 우리는 사람을 오라고 할 때 팔을 들어 몸쪽으로 손짓을 하지만 이 손동작은 다른 나라에서는 '오라는 신호'가 아닌 '가라는 신호'로 사용 되는 것처럼 말이다.

보호자는 반려견이 엎드리는 행동을 하기 바라면서 손을 아래로 내려도 반려견이 손을 내리는 것은 '엎드려'라는 명령임을 이해할 때 엎드리는 동작이 가능하다. 반려견은 인간의 언어를 알지 못하고 보호자의 손동작도 낯선 동작일 뿐이다. 보호자의 손동작과 반려견의 행동이 1:1로 매칭되기 위해서는 보호자는 우선 손동작이 무엇을 의미하는지 반려견에게 소

손동작에 대한 합의가 없다면 반려견은 보호자가 어떤 손동작을 보낸다 할지라도 이해하기가 어렵다.

개하는 과정이 필요하다. 앞으로는 '내가 이런 행동을 했을 때 너는 이런 행동을 해 줬으면 좋겠다'라는 보호자의 의지를 반려견이 받아들일 수 있도록 해보자. 소개할 때에도 한 번에 너무 많은 것을 소개하지 말고 차근차근 시간을 두고 한 개씩 소개를 해보자.

차츰차츰 진행해 보호자가 손을 아래로 향하기만 하면 반려견이 '엎드

려' 자세를 취할 때 손동작과 '엎드려'라는 명령어를 병행하여 사용해보자. 잘한다면 서서히 손동작을 없애면 '엎드려'라는 명령어만 가지고 반려견을 엎드리게 할 수 있게 된다.

'앉아'도 마찬가지다. 보호자와 반려견 사이에 손동작이 뜻하는 의미에 대한 이해 및 합의가 없다면 보호자의 손동작은 반려견 입장에서 도대체 어떤 행동을 하라는 의미인지 해석하기가 어렵다. 반려견 트레이닝에서 반려견이 보호자의 의도를 받아들일 수 있게 하기 위해서는 충분한 시간이 필요하다.

사실 액티브(active) 트레이닝[55]에서 가장 중요한 요소는 반려견의 능력보다는 오히려 보호자의 인내심이다. 보호자가 인내심을 가지지 못하고 반려견 트레이닝에 임한다면 결국에는 반려견에게 강압적으로 트레이닝을 강요하게 되는 패시브(passive) 방식으로 트레이닝이 진행될 수밖에 없을 것이다.

우리에게 친숙한 '앉아'라는 손동작을 처음 본 반려견은 보호자의 저 손짓이 어떤 의미인지 이해하기가 쉽지 않다.

---

55) 액티브 트레이닝과 패시브 트레이닝은 〈의미 있는 트레이닝을 위한 제안 2. 액티브(active) 트레이닝 vs. 패시브(passive) 트레이닝〉에서 자세히 설명한다.

5단계: 지연 보상 전진 1-5(7)-7(5) 트레이닝
(Delayed Reward Forward 157, DRF 157)

이번 5단계도 앞의 단계와 유사하게 진행하면 된다. 걸음 수를 늘리고 보상을 지연시키면서 전진을 해 보자. 이번 단계에서 욕심을 낸다면 원 스텝에서 즉시 보상을 해 보고 파이브 스텝 후에 지연 보상(5초)과 마지막 일곱 걸음 후에는 칭찬으로 보상을 해 보자. 그리고 다음 트레이닝 때는 처음 원 스텝 후 칭찬 보상, 파이브 스텝 후에는 즉시 보상, 세븐 스텝 후에는 지연 보상(5초)을 하자. 그리고 다음 트레이닝 때는 원 스텝 후 지연 보상(5초), 파이브 스텝 후에 칭찬으로 보상 마지막 세븐 스텝 후에는 즉시 보상을 해 주고 끝을 낸다. (이는 서서히 랜덤 보상 방식으로 트레이닝이 넘어갈 수 있도록 교두보 역할을 하게 될 것이다) 그리고 지연 보상 전진 1-5-7트레이닝을 해 봤으니 다음에는 지연 보상 전진 1-7-5 트레이닝도 해 보고 보상 주기도 앞에서처럼 보상 시기와 보상 내용을 혼합해보자. 예측하지 못한 타이밍에 보상을 받은 반려견이 보호자에게 보이는 재미있는 표정도 놓쳐서는 안 되겠다.

건강한 산책만으로도 반려견을 행복하게 해 줄 수 있다.

의미 있는 트레이닝을 위한 제안 1.

연습의 역설(The paradox of exercise)

원 스텝 트레이닝이 의미 있는 트레이닝이 되기 위해서는 '연습의 역설 (The paradox of exercise)'에 대한 이해가 필요하다. 연습의 역설이란 반려견 트레이닝 초기 과정에서 트레이닝 시간이 늘어날수록 학습 효과가 감소하는 현상을 말한다.

사람의 학습은 연습을 많이 할수록 향상되지만, 반려견 트레이닝은 초기 과정에서는 연습 시간을 많이 가진다고 해서 결코 반려견의 학습이 향상되지 않는다. 오히려 반려견에게 트레이닝에 대한 거부감을 느끼게 해 트레이닝에 대한 부정적 태도를 가지게 할 위험이 있다.

성공한 유명인사의 고시 공부에 대한 전설과 같은 얘기를 들어 봤을 것이다. '하버드의 공부 벌레'라 하면서 한 번 공부를 시작하면 밖으로 나오지 않고 몇 시간씩 공부에만 매달리는 하버드 대학생의 모습도 심심찮게 소개되고 있다. 그리고 이와 유사한 많은 이야기와 성공담 또한 미담으로 전해지고 있다. 이는 단지 공부에만 그치지 않고 세계적인 운동선수의 트레이닝 시간에 대해서도 유사하게 적용된다.[56]

---

56) 물론 고급 과정까지 끝낸 반려견은 트레이닝 시간을 늘려도 충분히 따라올 수 있고 전문훈련을 받고 대회 출전을 목표로 하는 대회견들도 연습 시간이 어느 정도 길어져도 학습 효과가 오를 수 있겠지만, 여기서 말하는 '연습의 역설'은 이제 막 원 스텝 트레이닝을 시작하는 반려견에 대한 것이다.

처음부터 보호자의 의욕만 앞서 지나치게 트레이닝 시간을 늘려서는 안 된다. 대신 트레이닝 1회의 시간은 짧게 하되 가능하면 트레이닝 횟수를 증가시키려는 노력이 필요하다. 앞서 예를 든 것처럼 우리에게는 연습은 최대한 많은 시간을 들여야 효과가 있다는 인간 중심적 사고가 자리잡고 있다는 점을 인식하자. 그러나 반려견 트레이닝에서는 한 번에 많은 시간을 투입하기보다 단계적으로 시간을 늘려가야 성과가 좋다.

그래서 트레이닝 시간이 처음에는 5분(준비 시간을 제외한 순수 트레이닝 시간)이 넘어가지 않도록 하자. 물론 반려견의 상태에 따라서는 트레이닝 시간은 줄이거나 늘리거나 할 수 있고 여기서 말하는 5분이라는 기준도 절대적인 것은 아니다. 여기서 말하고 싶은 것은 사람의 의욕만 앞서 반려견이 따라오지도 못하고 있는데 혼자 신이 나서 이것도 해 보고 저것도 해 보고자 시간을 무한정 늘렸을 때 부작용이 나타난다는 것이다.

그리고 트레이닝 도중 당신이 원하는 행동을 반려견이 처음 했을 때 그것이 트레이닝을 시작하고 20초가 막 지난 후일지라도, 트레이닝을 계속 진행할 것이 아니라 칭찬과 가지고 있던 모든 사료를 한꺼번에 주고 끝내는 것이 더 나을 때도 있음을 알아야겠다.

반려견들이 트레이닝을 더 하자고 졸라도 종료시킬 수 있는 보호자가 되자.

6단계: 지연 보상 전진 1-3-5-7-9 트레이닝
(Delayed Reward Forward 13579, DRF 13579)

이번 지연 보상 전진 1-3-5-7-9 트레이닝은 원 스텝 트레이닝 중급 과정의 마지막 과정이다. 이번에는 보호자가 직접 트레이닝 스케줄을 아래 도표에 적은 후 트레이닝을 해 보자. 그리고 기초 과정에서 설명한 것처럼 이번 단계에서도 이 책에 나와 있는 걸음 수에 연연하지 말고 반려견이 집중력 있게 걸을 수 있는 최대 걸음 수를 확인한 후 연습에 임하는 것을 추천한다. 표에서는 최대 걸음 수를 스무 걸음으로 설정했다.

표 1에서는 최대 걸음 수가 아홉 걸음 때 보상 시기를 다르게 하는 방법을 연습하며 표 2에서는 최대 걸음 수가 아홉 걸음 때 걸음 수를 달리하는 방식으로 연습할 수 있도록 만들었다.

표 1과 표 2의 1회 차 때를 비교해 보면 같은 보상 패턴을 하더라도 걸음 수가 변경되면 새로운 트레이닝 과정이 되는 것을 알 수 있다. 그리고 표 3과 표 4에서는 최대 걸음 수가 스무 걸음이라고 가정한 후 작성된 것으로 반려견 걸음 수를 확인한 후 증가하거나 감소시켜 보호자의 반려견에 맞게 트레이닝을 하면 된다. 표 1, 표 2와 같은 이유로 표 3과 표 4에서 1회 차 때를 보면 보상 패턴이 같더라도 걸음 수를 변경하면 다른 트레이닝이 됨을 알 수 있다. 그리고 그 역도 성립한다. 즉 걸음 수가 같더라도 보상 패턴을 달리하면 다른 트레이닝을 하는 것이므로 표 5에 공란으로 만들어 놓은 부분을 보호자가 직접 작성하여 트레이닝에 임하면 더욱 트

레이닝의 효과가 클 것이다.

표 1. 최대 걸음 수가 아홉 걸음인 경우: 보상 시기를 달리하는 방법

보상 시기 예시:

① 지연 보상 3초   ② 칭찬   ③ 지연 보상(5초)

④ 지연 보상(2초)   ⑤ 즉시 보상

*지연 보상 트레이닝 과정이기는 하나 즉시 보상을 하나 정도 넣어서 보상해 주어도 무방하다. 예상치 못한 타이밍에 보상이 나오게 되면 반려견이 트레이닝에 더욱 집중할 수 있다.

횟수 \ 걸음 수	1	3	5	7	9
1회	①	③	⑤	④	②
2회					
3회					
4회					
5회					

표 2. 최대 걸음 수가 아홉 걸음인 경우: 걸음 수 변경 후 트레이닝 하는 방법

보상 시기 예시:

① 지연 보상 3초   ② 칭찬   ③ 지연 보상(5초)

④ 지연 보상(2초)   ⑤ 즉시 보상

횟수 \ 걸음 수	1	7	9	7	5
1회	①	③	⑤	④	②
2회					
3회					
4회					
5회					

표 3. 최대 걸음 수가 스무 걸음인 경우: 보상 시기를 달리하는 방법

보상 시기 예시:

① 지연 보상 3초　　② 칭찬　　③ 지연 보상(5초)

④ 지연 보상(2초)　　⑤ 즉시 보상

횟수 \ 걸음 수	1	9	11	15	20
1회	①	③	⑤	④	②
2회					
3회					
4회					
5회					

표 4. 최대 걸음 수가 스무 걸음인 경우: 걸음 수 변경 후 트레이닝 하는 방법

보상 시기 예시:

① 지연 보상 3초　　② 칭찬　　③ 지연 보상(5초)

④ 지연 보상(2초)　　⑤ 즉시 보상

횟수＼걸음 수	1	15	9	20	15
1회	①	③	⑤	④	②
2회					
3회					
4회					
5회					

표 5. 현시점에서 반려견의 최대 걸음 수( )

보상 시기 예시:

① (   ) ② (   ) ③ (   ) ④ (   ) ⑤ (   )

횟수＼걸음 수					
1회					
2회					
3회					
4회					
5회					

의미 있는 트레이닝을 위한 제안 2.
액티브(active) 트레이닝 vs. 패시브(passive) 트레이닝

액티브(active) 트레이닝[57], 즉 능동적인 트레이닝은 수동적인 패시브(passive) 트레이닝과 다르게 반려견과 보호자 간의 유대감을 형성하고 반려견에게 트레이닝을 함께하는 것은 즐거운 일이라고 느끼게 만든다. 또 액티브 트레이닝은 최근 '긍정적 강화(positive reinforcement)'라고 오역되고 있는 반려견이 생각하고 이해할 수 있도록 하는 트레이닝 법이다. 긍정적 강화라는 오역이 생기게 된 이유도 어떻게 보면 액티브(active)라는 단어를 번역할 때 '긍정적'이라는 뜻이 없기 때문일지도 모른다.

하지만 긍정적 강화라는 오역이 추구했던 반려견 트레이닝 방법론은 모든 보호자가 인정할 수 있는 올바른 방향인 것만큼은 사실이다. 이 책에서는 '액티브 트레이닝'이란 용어를 다음과 같이 정의하며 이 용어가 긍정적 강화를 대체하는 새로운 용어로 자리 잡기를 기대해 본다. 액티브 트레이닝은 정적 강화(positive reinforcement)를 통해 반려견이 스스로 생각할 수 있는 시간을 부여하여 트레이닝에 적극적으로 참여할 기회를 제공하는 반려견 트레이닝 법이다. 이렇게 용어를 변경하는 이유는 제4부에서 좀 더 구체적으로 설명하겠지만 'positive reinforcement'란 용어를 '정적 강화'가 아닌 '긍정적 강화'로 번역하면서 나타나는 문제점들을 보완할 수 있기 때문이다. 그리고 트레이닝 과정 중 반려견을 수동적 대상으

---

57) 오늘날 '긍정적 강화'라는 용어와 혼동되고 있는데 자세한 건 후술하도록 한다.

로 보지 않고 보호자와 동등한 주체자로 인식시키기에 '액티브 트레이닝'이란 용어가 더 적절하다.

액티브 트레이닝은 원 스텝 트레이닝이 추구하는 반려견 트레이닝 법이므로 이 책에서 설명한 과정 하나하나를 차분하게 따라 하다 보면 액티브 트레이닝을 자연스럽게 익힐 수 있다. 다만 여기서는 패시브 트레이닝이 무엇인지를 자세히 알아보고 왜 액티브 트레이닝으로 가야 하는지에 대한 당위성에 대해 살펴보자.

과거 일본식 애견 훈련법에서는 개가 앉지 않을 때 엉덩이를 한 대 때린다거나 목줄을 위로 잡아 올리면 개가 앉는다고 설명했다. 전형적인 패시브 트레이닝 방법이다. 사람의 말을 이해하지 못하는 개에게 앉으라고 하니 당연히 앉지 않고 앉게 만들려고 하니 이런 물리적 제재를 사용하게 되는 것이다. 물론 이렇게 해도 시간이 지나면 개가 사람의 명령어에 대한 억양을 익히게 되어 원하는 동작을 하게 된다. 하지만 이는 개에게 생각할 시간을 주지 않아 사고하지 못하게 하고 주인의 명령에 수동적으로 반응하는 존재로만 만들 뿐이다.

'동물이 생각을 할 수 있는지'에 대해서 오래전부터 논란이 계속되어 왔다. '동물은 사고를 할 수 없다'고 단정한 사람 중 대표적인 인물이 "나는 생각한다. 고로 존재 한다"라는 명제로 유명한 데카르트(Descartes René)이다. 이처럼 명석한 철학자조차도 개가 생각을 할 수 없다고 여겼을 정도이니 과거 개 관련 훈련은 자연스럽게 패시브 방식으로 연결될 수

밖에 없었을 것이다. 이런 데카르트의 주장은 수많은 추종자를 낳았으며 놀랍게도 아직도 데카르트의 주장처럼 개는 생각을 하지 못한다고 여기는 사람들이 제법 있다.

그러나 최근 동물 관련 각종 실험에서 동물들(보통은 쥐로 실험을 하게 된다)도 앞으로의 일을 계획하고 학습을 통해 배우며 시행착오를 통해 향상되는 모습을 보이는 등 '동물들도 생각할 수 있는 존재다'라는 것이 증명되고 있다.

데카르트가 원 스텝 트레이닝에 적극적으로 임하는 반려견의 모습을 한 번만 봤더라면 그의 생각이 180도로 달라졌을 것이다.

패시브 트레이닝은 반려견을 불안하게 만들어 보호자와 트레이닝을 함께 진행하는 것을 스트레스로 받아들이게 한다. 언제 엉덩이를 누르고 목줄을 획 잡아채며 심하게는 체벌까지 하는데 반려견이 트레이닝을 어떻게 재미있게 받아들일 수 있겠는가!

개들은 다른 동물의 신체적 변화를 빠르게 읽어 낸다. 특히 사람의 표정 변화는 굉장히 빠르고 정확하게 알아낸다. 개들은 자신에게 어떤 사람이 우호적인지 적대적인지 판단하는 게 어렵지 않다. 그래서 동작을 가르칠 때 보호자는 반려견에게 강압적으로 무조건 이 동작을 해야 한다고 윽박지르거나 물리적 제재를 하지 말고 반려견에게 생각할 여유를 주면서 동작을 가르쳐야 한다. 반려견에게 지금 '너에게 이 행동을 수행하기를 기대한다'라는 느낌이 들도록 말이다.

패시브 트레이닝은 강한 압박 또는 작은 압박이 가해지는 만큼 반려견과 보호자 사이를 서서히 멀어지게 만든다. 목표 동작을 낮게 잡고 차근차근 반려견이 행동 하나하나를 수행할 수 있게 해 주자. 액티브 트레이닝은 반려견이 생각할 수 있도록 충분한 시간을 주는 것임을 잊어서는 안 되겠다. 사람도 그렇지만 반려견 트레이닝에서도 성취감은 성공에 큰 밑바탕이 된다. 반려견이 성취감을 가질 수 있도록 트레이닝 과정 중 반려견에게 아낌없는 지지와 응원을 해 주자.

원 스텝 트레이닝 응용 과정

도형 걷기

인기 연예인이 '꼭짓점 댄스'라는 춤을 선보여 한때 선풍적인 인기를 누린 적이 있다. 한 명이 춰도 좋고 여러 명이 같이 춰도 군무로서 훌륭하고 흥겨운 춤이었다. 이제 우리도 '꼭짓점 댄스'까지는 아니더라도 반려견과 춤을 출 수 있는 날을 기대하며 직진에서 탈피해 여러 가지 도형을 이용해 방향 전환을 위한 트레이닝을 해보도록 하자.

도형 걷기 트레이닝은 원 스텝 트레이닝이 최종적으로 추구하는 반려견 산책이 안전하고 건강한 산책이 될 수 있게 도움을 줄 것이다. 이번 과

동행할 수 있다는 것만으로도 보호자와 반려견 모두 행복하겠지만 같이 도형 걷기 트레이닝을 한다면 훨씬 더 행복해질 수 있다.

정에서는 산책 시 나타나는 물구덩이, 깨진 유리병 조각, 반려견에게 정면으로 느닷없이 달려오는 자전거 등의 위험 요소들과 맞닥뜨렸을 경우 재빠르게 피할 수 있도록 도형 내에서 반려견이 보호자에게 최대한 밀착해서 걷는 것을 연습하게 되므로 보호자와 반려견 모두의 안전을 책임져 줄 것이다.

이렇게 도형 걷기 트레이닝 한다면 당신은 당신의 반려견과 함께 거실이나 공원에서 아름다운 선들을 그릴 수 있을 것이다. 피에트 몬드리안[58](Piet Mondrian)이 봐도 놀라울 만큼 말이다. 아니면 당신의 반려견과

---

58) 네덜란드의 추상화가

액션 페인팅(action painting)으로 '넘버 31'을 넘어서는 그림을 그릴 수 있을 만큼 빠르고 과감하게 움직일 수 있을 것이다. 물론 잭슨 폴록[59](Jackson Pollock)보다 더 열정적이고 힘차게 말이다.

　도형 걷기는 각기 2가지의 방법으로 트레이닝을 하게 된다. 처음은 반려견이 도형의 안쪽에 위치한 후 도형 안쪽을 따라 걷는 것을 배우고 익숙해졌을 때 반려견이 도형 바깥쪽으로 나가 바깥을 따라 걷는 것을 배울 것이다. 도형 안쪽으로 걷기를 할 때는 반려견은 작은 보폭으로 보호자는 큰 보폭으로 걷게 된다.(반려견의 움직임이 보호자보다 작아 반려견이 쉽게 배울 수 있다) 반려견이 안쪽으로 걷는 것에 익숙해지면 이제 바깥쪽으로 걷기를 하게 하자. 바깥으로 걷게 되면 반려견의 동선이 커지고 보호자의 동선은 그대로이므로 반려견은 보호자의 움직임을 따라가기 위해 움직이는 속도가 빨라지게 된다. 물론 반려견이 도형 걷기에서 도형의 바깥쪽 도는 것을 더 편하게 생각하는 것처럼 보인다면 굳이 책의 순서대로 안쪽 돌기부터 할 필요는 없겠다.

1단계: 원형 걷기(또는 오각형 걷기)

　원형 걷기를 쉽게 하기 위해서는 우선 트레이닝 장소가 야외인 경우에는 바닥에 간단한 원을 그려 놓고 시작하면 좋다. 트레이닝 장소가 마땅

---

59) 미국의 추상화가.

치 않으면 집 거실에서 본인의 눈대중으로 가상의 원을 그리며 시작해도 된다. 원의 크기가 꼭 커야 되는 것은 아니므로 실내에서 할 때는 작은 원을 돈다고 생각하고 트레이닝에 임하면 되겠다.

지금 중요한 것은 원을 그려 놓고 그 원을 정확히 도는 것이 아니라 원형 같은 완만한 곡선을 걸을 수 있도록 트레이닝 하는 것이다. 이전까지의 원 스텝 트레이닝이 전진으로만 되어 있어 자칫 반려견이 방향 전환에 약해질 수 있기 때문에 이번 응용 단계에서는 보호자와 함께 곡선을 따라 걷는 것을 맨 먼저 배치하였다. 난이도가 제일 쉽다는 의미는 아니니 참고하자.

전진 원 스텝 트레이닝이 반려견이 보호자에게 최대한 붙어서 산책 시 앞서지 않고 보호자와 동행하는 것을 배우는 과정이었다면 이번 과정은 보호자와 산책 중 돌발 상황에 대비하여 보호자와 반려견의 안전사고 예방을 위함이다.

앞에서도 설명하였듯 원형 걷기를 포함한 앞으로 진행될 모든 도형 걷기 동작들은 반려견이 보호자 안쪽을 따라 걷는 것과 바깥쪽을 따라 걷는 것 이렇게 2가지 동작을 한 세트로 진행하게 되니 별 설명이 없더라도 보호자는 2가지 동작 모두를 트레이닝 하는 것을 놓치지 말아야겠다.

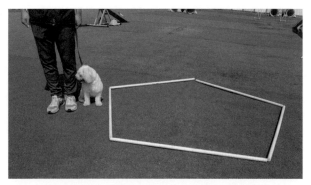

1. 도형 걷기도 처음은 베이직 포지션에서 시작한다.

2. 반려견이 도형의 안쪽으로 걷게 하자.

3. 이번에는 반려견이 도형의 바깥쪽으로 걷게 하자. 시계 방향으로도 한 번 돌아보고 반시계 방향으로도 걸어 보자. 잘한다면 걸을 때 조금 빨리도 걸어 보고 느리게도 걸어 보자.

2단계: 네모 걷기

네모 걷기는 전진 원 스텝 동작을 합친 모양이 된다. 모든 면이 직각으로 이루어져 있으므로 사면이 모두 전진 원 스텝 트레이닝 장으로 생각하면 된다. 전진 원 스텝 트레이닝은 가고 서기를 반복하지만, 네모 걷기는 한 번에 걸어 나간다는 점에서 차이가 난다.

반려견이 네모 걷기를 어색해하는 모습을 보인다면 처음에는 반려견이 익숙한 전진 원 스텝 트레이닝 방식으로 한 걸음씩 천천히 나가는 방법으로 진행해도 무방하다. 네모 걷기를 이 책에서는 2단계에 배치했지만, 반려견이 이 책의 순서대로 이해하기를 바라서는 안 된다. 책의 순서는 보호자의 이해를 돕기 위한 것이지 반려견을 위해 작성된 것이 아니니 말이다.

1. 보호자가 네모 안쪽에 서서 네모 모형을 따라 걷는다.

2. 반려견이 보호자 곁에서 떨어지지 않도록 관찰하면서 천천히 걸어
준다.

3. 이번에는 반려견이 네모 안쪽으로 서게 해서 걸어 본다. 도형의 안쪽
걷기와 바깥쪽 걷기를 할 때 걷는 순서를 꼭 안쪽 먼저 바깥쪽은 나중
에 할 필요는 없다. 반려견이 잘 따라오는 순서대로 진행하면 된다.

3단계: 세모 걷기

이제 세모 걷기를 시작해 보자. 세모 걷기는 세모의 모서리 부분을 돌
때 각도를 크게 틀어 방향을 바꿔야 하므로 반려견은 동작이 재빨라야 보

호자의 움직임을 따라잡을 수 있다. 그만큼 반려견에게는 신속성이 요구된다. 세모 걷기를 하는 포인트가 여기에 있으므로 보호자는 세모 걷기를 할 때 반려견이 신속하게 방향 전환을 하는 모습을 보여 준다면 그 시점에서 보상을 한번 주어도 좋다.

이 트레이닝에서도 보호자의 이동에 따라 반려견이 보호자 옆에서 떨어지지 않고 같이 이동하는 것이 포인트임을 잊지 말고 반려견이 보호자를 착실히 잘 따라오고 있는지 보호자의 관찰이 요구된다.

그리고 보호자가 바깥으로 돌 때는 반려견의 동선보다 보호자의 동선이 더 커지므로 꼭짓점에서 방향을 틀 때 보호자도 반려견을 따라잡기 위해 신속히 움직일 필요가 있다. 그러지 않으면 자칫 반려견의 발을 밟을 수도 있으니 주의하자.

1. 이제 세모 걷기를 시작해 보자.

2. 꼭짓점 부근에서 방향 전환이 중요한데, 바깥쪽에 있는 보호자는 반려견보다 동작이 커지므로 보호자 발에 반려견이 걸리지 않도록 주의하자.

4단계: '8'자 걷기

'8'자 걷기는 한 동작씩 끊어서 해도(끊으면 작은 원형 걷기가 된다) 되고 한 번에 8자를 모두 걸어도 된다. 실내에서 할 때는 당신이 마음속으로 생각한 8자를 머릿속에 떠올리고 바닥에 이미지를 형상화한 다음 8자를 따라 걸으면 된다.

실외에서 할 경우, 말뚝같이 지면에 설치된 기둥 같은 것이 있으면 두 개 정도를 이용해 트레이닝을 할 수도 있다. 나무를 이용해도 상관없다. 이때 당신이 멈추는 동작을 했다면 반려견은 그것을 하나의 동작으로 인식할 수 있다. 동작이 끊어진 경우, 보호자는 반려견에게 칭찬해 주거나 사료로 보상을 해 주면 반려견은 더욱더 신나게 트레이닝에 임하게 된다는 사실을 기억하자.

'8'자 걷기라 해서 '8'자를 정자로 만들 필요는 없다. 타원형으로도 해 보고 원형 걷기에서 했던 동그란 원을 만들어도 보고 여러 가지 형태의 원형 2개를 연결한다고 생각하고 '8자' 걷기에 임해 보자.

5단계: 'ㄹ'자 걷기

'ㄹ'자 걷기도 직선으로 이루어진 전진 원 스텝을 연결한 동작이므로 비교적 쉽게 반려견이 따라 할 수 있다. 모든 트레이닝 과정이 그렇지만 이번 걷기에서도 반려견이 유독 잘했다고 판단되면 칭찬과 보상을 아끼지 말고 해 주면 되겠다.

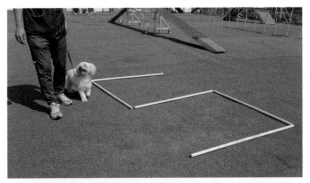

1. 'ㄹ'자 걷기도 보호자와 반려견이 안쪽과 바깥쪽을 서로 바꿔 가면서 보호자 곁을 떠나지 않도록 연습해 보자.

2. 잘 따라오고 있는지 중간중간 확인은 필수다.

3. 안쪽으로 걸을 때와 바깥쪽으로 걸을 때의 반려견의 움직임을 관찰하면서 걸어 보자.

마지막으로 '도형 걷기'를 착실히 트레이닝 해 본 보호자는 이전 과정과 '도형 걷기'가 왜인지는 정확히는 몰라도 그 뉘앙스가 약간은 다름을 직감했을 것이다. 그렇다! 도형 걷기는 반려견 트레이닝은 물론이거니와 보호자의 핸들링 스킬을 향상하는 과정을 포함하고 있다. 핸들링(handling)은 보호자가 반려견을 자신이 원하는 방향으로 인도할 수 있는 기술이다. 그런 만큼 평소 핸들링에 자신이 없었다면 이번 도형 걷기를 통해 핸들링 스킬도 늘려 보면 좋을 것이다. 도형 걷기를 수차례 반복하다 보면 이전과 다르게 핸들링 스킬이 본인도 모르게 향상되었음을 느낄 수 있을 것이다.

제 4 장

원 스텝 트레이닝 마무리 과정

마무리 과정은 보상 시기를 무작위(랜덤)로 주는 방식을 배우는 과정이다. 그리고 필요하다고 생각되면 보상을 하지 않고 넘어가는 경우도 있을 것이다. 마무리 과정이지만 의외로 랜덤 방식 보상법을 익히는 것은 그리 어렵지 않을 것이다. 그리고 마무리 과정 끝에서 프런트 포지션 및 후진, 측면 이동의 고난도 동작에 관한 것도 간단히 소개했다. 하지만 프런트 포지션 및 고난도 동작을 익히는 데는 상당한 시간과 정성이 들어갈 수밖에 없고 이는 이 책의 범위를 넘어가므로 간략한 소개 정도만 하니 참고하길 바란다.

랜덤 보상 전진 트레이닝
(Random Reward Forward Training, RRFT)

랜덤 보상(Random Reward)이란 반려견이 보상물 제공 시기를 예측할 수 없도록 불규칙적으로 보상하는 것이다. 보상물이 언제 나올지 또 어디서 나올지를 예상할 수 없는 상황에서 반려견은 모든 정신을 오로지 보호자에게만 집중하게 된다. 불규칙적으로 보상을 한다고는 하였으나 아무렇게나 주는 것은 아니고 보호자는 원칙을 가지고 실행하되 그 원칙을 반려견이 알 수 없도록 한다는 의미다. 즉, 보호자의 보상이 일정한 패턴을 가지고 있지 않아 반려견이 패턴을 찾을 수 없게 하는 것이 포인트다. 보상도 사료에 한정하지 않고 칭찬과 스킨십도 사용하고 심지어 보상이 없는 경우도 랜덤 보상 전진 트레이닝에서는 사용한다.

원 스텝 트레이닝에 반려견이 점차 익숙해지면 처음에 사용했던 사료 양보다 훨씬 적은 양의 사료가 이용됨을 알 수 있을 것이다. 이는 동작과 보상의 인과관계(causality)를 반려견이 확실히 이해했으므로 당장 보상이 없더라도 다음에는 보상이 나옴을 반려견이 알고 있기 때문이다. 보상이 즉시 주어지지 않더라도 차분히 보호자 곁에서 기다리면 차후에 보상이 나온다는 것을 학습한 결과이다. 따라서 보호자도 반려견이 잘한 모든 행동에 1:1로 보상을 주지 않아도 되는 환경이 만들어졌으므로 보상물로 사용되는 사료의 양이 초기에 비해 많이 줄어들게 된 것이다.

일정한 패턴을 만들지 않기 위해서는 보호자는 아래에 나오는 3가지의 예시를 통해 보상을 주는 법을 우선 생각해 볼 수 있다. 물론 이것도 하나의 예시일 뿐 이대로 꼭 할 필요는 없다.

예시 (1)

1 스텝 → 즉시 보상(사료) → 11 스텝 → 지연 보상(칭찬) → 3 스텝 → 지연 보상(사료) → 5 스텝 → 즉시 보상(칭찬) → 5 스텝 → 보상 없음 → 1 스텝 → 즉시 보상(사료, 마무리)

이번 예시 (1)에서는 최대 걸음 수를 일레븐 스텝으로 가정해 보았다. 가장 처음에 익혔던 즉시 보상 전진 1-1-1 트레이닝 처럼 원 스텝으로 걸어 나가고 반려견이 앉으면 망설임 없이 사료로 보상을 주자. 그리고 일레븐 스텝을 걸어 나가면서 반려견이 보호자 옆에 붙어서 잘 따라오는지 확인하고 일레븐 스텝을 걸어간 후 잘했다면 "옳지~" 하면서 칭찬을 해 주자.

랜덤 보상 트레이닝인 만큼 일레븐 스텝을 같은 속도로 걸어 나갈 필요는 없다. 몇 걸음은 조금 빠르게 몇 걸음은 천천히 걸어 나가는 방식으로 걸어 나가도 잘 따라올 것이다. 천천히 걸어 나갈 때 너무 천천히 걸어가면 반려견이 원 스텝이나 쓰리 스텝인지 착각하고 앉는 경우도 생긴다. 그러나 이는 이해를 못 해서 그런 것이 아니므로 만약 앉더라도 보상은 주지 말고 트레이닝을 계속 진행하면 되겠다.

그럼 다시 일레븐 스텝을 걸어가 보자. 그리고 다시 쓰리 스텝으로 걸어간 후 이제는 5초 정도 기다렸다가 보상을 주는 지연 보상으로 사료를 제공하자. 또다시 파이브 스텝으로 걸어 나가고 즉시 칭찬으로 보상을 주고 다시 파이브 스텝으로 걸어 나가고 이번에도 잘했지만, 보상은 주지 말자. 그리고 원 스텝을 걸어간 후 사료로 즉시 보상을 해 주면 예시 (1)의 과정은 끝이 나게 된다. 이번 과정이 종료되었으므로 반려견을 어깨를 두드려 주어 트레이닝이 끝났음을 알려 주고 잠시 휴식을 취하자.

보호자와 반려견 모두 열심히 트레이닝을 하고 난 후 즐기는 잠깐의 휴식은 꿀보다 더 달 것이다.

이제까지 보호자는 잘한 행동에 보상을 주는 것은 당연하다고 생각했을 것이다. 물론 조형(shaping)의 기초와 중급 단계에서는 보상물과 행동을 연결하는 것이 중요했다. 하지만 차츰 반려견 트레이닝이 진행될수록 보상이 없어도 반려견이 보호자가 원하는 행동을 하게끔 만들어야 한다. 그리고 차츰 보상의 간격을 넓혀 산책이 끝났을 때 사료가 남을 수 있도록 연습해야 한다. 사료 보상 빈도를 줄였는데도 반려견이 잘 따라온다면 원 스텝 트레이닝은 완결된 것이다.

이번 예시 (2)에서는 스텝의 수가 아니라 하나의 과정이 끝나고 나서 보상을 주는 법을 익혀 보자.

예시 (2)

1 스텝 → 즉시 보상(칭찬) → 원형 걷기(안쪽 방향) → 즉시 보상(칭찬) → 원형 걷기(바깥 방향) → 즉시 보상(사료) → 30 스텝 → 지연 보상(사료) → 세모 걷기(안쪽 방향) → 즉시 보상(사료, 마무리)

역시나 처음에는 원 스텝으로 시작하고 이번 예시 (2)에서는 걸음 수가 아닌 도형 걷기 중 일부를 트레이닝 속에 집어넣어 반려견이 도형 걷기 과정을 충실히 이행한 후 보상을 하는 것을 연습해 보자. 이제 어느 정도 반려견이 트레이닝에 익숙해졌기 때문에 기존에 배웠던 과정을 트레이닝 중간중간에 삽입해 연습하는 것이 원 스텝 트레이닝을 통한 반려견의 건강하고 안전한 산책을 완성할 수 있는 지름길이다.

특정 과정에서 예상외로 매우 잘했다면 사료를 연속적으로 5개 정도 보상을 해 보는 것도 고려할 수 있다. 이는 로또(lotto) 개념이다. 로또에 당첨되면 거액의 상금을 받을 수 있는 것처럼 한 번에 많은 사료를 연속적으로 보상을 받게 되면 반려견은 연속적으로 보상받은 것에 대한 좋은 기억이 생기게 된다. 그리고 다음에도 예상치 못한 상황에서 연속적으로 보상이 나올 수 있다는 기대감이 커지게 된다. 그 결과 트레이닝에 임하는 자세가 달라진다. 물론 이 로또 개념을 이용한 사료 보상은 기초 과정에서도 유용하게 사용할 수 있다. 마무리 과정에서만 사용되는 보상 방법은 아니다.

마지막으로 이번 예시 (3)에서는 보상을 최대한 줄여 보고 보상이 없는 경우 당신의 반려견이 얼마나 참을성을 가지고 당신을 따라올 수 있는지 걸음 수도 확인해 보는 시간을 가져 보도록 하자.

예시 (3)

1 스텝 → 지연 보상(사료) → 11 스텝 → 보상 없음 → 30 스텝 → 보상 없음 → 7 스텝 → 즉시 보상(사료) → 50 스텝 → 즉시 보상(사료, 마무리)

오늘도 어김없이 첫 시작을 원 스텝으로 상쾌하게 시작해 보자. 원 스텝 후 5초가량 있다가 보상을 주는 지연 보상을 사료를 가지고 하자. 그리고 일레븐 스텝을 걸어간 후 이번에는 칭찬도 하지 말고 사료도 제공하지 않고 다시 서티(thirty) 스텝을 걸어가 보자.

이때 서티 스텝 도중 반려견이 이탈하거나 산만한 행동을 하는지 확인하면서 걸어야 한다. 만약 반려견이 이탈하거나 산만하게 보인다면 그 즉시 멈추고 즉시 보상 전진 1-1-1 트레이닝으로 돌아가서 집중력을 향상한 후 재차 시도해 보자.

이번 예시 (3)에서도 이전과 같이 반려견이 당신에게서 이탈하는 걸음 수가 몇 걸음인지 한번 체크해 보자. 몇 걸음까지 반려견이 무리 없이 잘 따라오는지를 확인하는 것이다. 원 스텝 트레이닝은 최종적으로 안전한 산책을 위한 연습이다. 따라서 반려견이 당신에게서 떨어지지 않고 동행하면서 산책을 다녀올 수 있도록 예시된 걸음 수에 한정하지 말고 꾸준히 트레이닝을 하도록 하자.

제 5 장

기타 트레이닝(고난도 동작들)

　고난도 동작들을 척척 해내는 대회견들의 모습은 보기만 해도 정말 대견하다는 느낌이 든다. 하지만 반려견이 이런 고난도 동작들을 익히기에는 현실적인 제약이 많으므로 고난도 동작에는 어떤 것들이 있는지를 확인하는 선에서 만족하자.

　고난도 동작들은 보통 IGP 경기 등 전문 대회를 위한 동작들이 많으므로 보기보다 동작을 만드는 데는 시간과 정성이 많이 들어갈 수밖에 없으므로 원 스텝 트레이닝을 다 마스터하고 도전해 보자.

프런트 포지션(Front Position)과 턴 동작

1. 프런트 포지션(Front Position)

프런트 포지션이란 반려견이 보호자 정면에 '앉아'서 기다리는 자세를 말한다. 어바웃 턴이나 라운드 턴을 하기 전 기본 자세가 프런트 포지션이다. 프런트 포지션은 보호자의 정면에 반려견이 최대한 밀착하여 앉았을 때 삐뚤지 않고 반듯하게 앉아야 하는 것을 목표로 한다. 그런 만큼 완벽한 프런트 포지션을 만드는 데는 시간이 많이 소요된다.

사진에서 보이는 것처럼 밀착하여 앉은 자세에서 보호자의 얼굴을 응시해야 하는 고단도 동작이다. IGP 등 개 관련 고등 훈련에서는 'here[60](와)'라는 명령어를 사용하며 보호자 앞에 올 때의 신속성과 도착 후 밀착도 등을 평가받게 된다. 일반적인 반려견이 프런트 포지션을 취해야 하는 경우는 그리 많지 않다.

프런트 포지션을 취하고 있는 모습

---

60) 여기서 명령어는 'here'이지만 IGP 훈련에서는 독일어를 보편적으로 사용하므로 '히야'라고 발음한다. 영어와 독일어 모두 철자는 같다. 다만 발음만 차이가 날 뿐이다.

2. 27가지 방식의 턴 동작

● 어바웃 턴(about turn)

어바웃 턴은 반려견이 보호자 정면에 앉아 대기하다가 명령이 떨어지면 보호자 왼쪽 다리 방향으로 이동하여 좁은 원을 그린 후 보호자 왼쪽 다리 옆에 앉는 동작을 말한다.

일반인에게는 어바웃 턴이 더 수월할 수도 있을 것이다. 사실은 어바웃 턴이 더 어려운 동작이나 정교하게 동작을 만드는 것이 아니면 오히려 어바웃 턴이 더 쉽다고 느낄 수 있다.

1. 보호자 정면에 앉아 대기(프런트 포지션에서 대기)

2. 명령에 따라 보호자 왼쪽 다리 방향으로 이동

3. 턴 동작을 완성 후 보호자 옆에 앉기

● 라운드 턴(round turn)

라운드 턴은 어바웃 턴과 대기 자세는 같으나 턴 동작 시 보호자의 오른쪽 다리 방향으로 들어가 보호자 뒤를 돌아 보호자의 왼쪽 다리 옆에 앉는 동작을 말하며 라운드 턴과 어바웃 턴 트레이닝 원리는 유사하나 라운드 턴은 반려견이 보호자 뒤로 돌아가므로 반려견이 턴을 할 때 목줄을 돌려주는 것만 주의하면 된다.

1. 보호자 정면에 앉아 대기(프런트 포지션에서 대기)

2. 명령에 따라 보호자 오른쪽 다리 방향으로 이동

3. 턴 동작을 완성 후 보호자 옆에 앉기

3. 즉시 보상 후진 트레이닝

즉시 보상 후진 트레이닝을 하기 위해서는 전제 조건이 필요하다. 바로 뒤로 걷는 것을 먼저 배워야 한다는 것이다. 반려견에게 뒤로 걷는다는 것은 분명 어색한 동작임이 틀림없다.

1. 베이직 포지션에서 시작한다.

2. 사료를 쥔 손을 반려견 코에 대고 뒤로 민다.

3. 뒤로 걸어와서 앉으면 사료로 보상을 한다.

4. 즉시 보상 측면 트레이닝

측면 이동 시 어떤 반려견은 사진처럼 옆으로 걸어서 이동하기도 하기만, 다른 반려견은 폴짝 뛴 후 옆으로 이동한다. 이는 반려견이 자신이 편한 자세로 움직이는 것인데 옆으로 걸어서 이동하는 것이 반려견의 관절 건강 면에서 유리하다.

1. 베이직 포지션에서 시작한다.

2. 손에 사료가 있음을 인지시키고 보호자가 먼저 측면으로 조금 이동한다.

3. 사진처럼 따라오는 경우도 있고 폴짝 뛰어서 이동하는 경우도 있다.

4. 잘 따라와서 측면으로 이동했으면 사료로 보상을 준다.

제 4 부

원 스텝 트레이닝
속에 숨겨진
학습 원리

이제부터는 원 스텝 트레이닝 속에 녹아 있는 반려견 트레이닝 원리에 대해 이론적 고찰을 해 볼 것이다. 이론에 바탕을 두지 않고 마구잡이로 하는 반려견 트레이닝은 처음에는 잘되는 것처럼 보일 수도 있으나 조금 지나 난관을 만나게 되면 더는 진전이 되지 않게 된다. 그러니 조금 돌아간다고 생각하고 이론 부분을 차근차근 익히면 이 책에서 소개한 원 스텝 트레이닝 이외에도 보호자가 원하는 여러 트레이닝을 스스로 할 수 있을 것이다. 이론적 기초를 튼튼히 다진다면 반려견과 함께할 수 있는 여러 활동과 모습을 스스로 연출할 수 있으니 이론 부분도 소홀히 하지 않기를 바란다.

원리를 알고 반려견 트레이닝에 임할 때 보호자는 한 층 더 재미있고 심도 있는 반려견 트레이닝을 할 수 있다.

제 1 장

조건화(conditioning)에 대한 이해

파블로프(Pavlov)의 고전적 조건화(classical conditioning)

파블로프(Ivan Petrovich Pavlov)의 개에 관한 실험은 너무나 유명하다. 이제는 너무나 유명해진 나머지 일반인에게는 지루하다고 여겨질 정도로 파블로프의 실험 결과는 이를 듣는 이에게 큰 감흥을 불러일으키지도 않는다. 거기서 더 무엇을 얻을 수 있는 것도 아니라고 치부되기에 십상이다. 역사의 한 페이지를 장식한 과거 교과서에 실린 '그 유명한 실험', 그 이상도 그 이하도 아닌 딱 그 정도 수준의 실험으로까지 여겨지기도 한다.

사실 파블로프의 실험 결과는 우리가 원하는 반려견 트레이닝에 관한 조건화에 대해서 세부적인 지침을 주는 것은 아니지만 반려견 트레이닝 전반에 있어 중요한 역할을 하고 있다. 스키너의 조작적 조건화를 이해하기 위한 필수 과정이니만큼 차근차근 그 내용을 이해하고 음미해 볼 필요가 있다.

'파블로프의 개' 실험은 다음과 같은 과정을 거치게 된다. 먼저 개에게 고기를 보여 준다. 고기가 먹고 싶은 개는 고기를 보고 침을 흘리게 된다. 이렇게 먹을 것을 보면 먹고 싶은 마음에 개가 저절로 침을 흘린다는 사실을 기초로 이번에는 고기를 보여 주기 전에 종[61]을 먼저 친다. 그 후 고기를 보여 준다. 그러면 이번에도 개는 고기를 보고 침을 흘린다. 이렇게 여러 번 반복하다가 어느 순간에 종을 친 후 고기를 보여 주지 않더라도 개가 고기를 연상하며 침을 흘리게 된다.

종소리와 개의 침 분비는 처음에는 아무런 관련이 없었다. 종소리는 종소리일 뿐이었다. 개의 배고픔을 채워 주는 고기와 하등 관련이 없는 것이었다. 그러나 파블로프는 개의 침 분비와 아무런 인과관계(causality)가 없었던 종소리를 연결하는 데 성공한다. 이렇게 아무런 관계가 없던 자극과 반응을 연결하는 과정을 조건형성[62](conditioning)이라 한다. 즉 내가

---

61) 파블로프의 실험에 대해 구체적으로 들어가면 책마다 약간씩 차이를 보인다. 종소리가 아닌 메트로놈(metronome)이라고 나오는 책도 있고 고기가 아닌 먹이를 주는 경우라고도 나와 있으니 참고하자.
62) 조건형성과 조건화를 같은 의미로 사용하였다.

파블로프는 이후 고전적 조건화라고 불리는 실험을 통해 침 분비와 하등 관련이 없었던 종소리에 개가 침을 흘리도록 만들었다.

개에게 원하는 반응(여기서는 침 분비)을 일으킬 수 있는 '조건'을 만드는 것이라 하겠다. 파블로프의 조건화를 스키너의 조건화와 구별하기 위해 '고전적 조건화'라고도 부른다.

이제 좀 더 자세히 들어가 보자. 처음에 종소리는 개가 침을 흘리게 할 수 있는 자극은 아니었다. 오히려 종소리는 개들이 듣기 싫어하는 소리 중 하나였고 평화롭게 개집에서 쉬는 것을 방해하는 귀찮은 소리였다. 개가 침을 흘리게 하는 자극은 고기를 봤을 때 먹고 싶다는 식욕이었다. 고기를 먹었을 때의 기억 때문에 고기만 봐도 군침이 돌게 된 것이다. 종소리를 듣고 침을 흘리게 하고 싶었던 사람은 파블로프였지 실험에 참가한 개는 아니었다.

조건형성을 원하는 자가 바라는 특정 자극을 조건 자극(conditioned stimulus: CS)이라고 부르며 조건 자극에 의해 유발된 행동을 조건 반응(conditioned response: CR)이라 한다. 그리고 개가 고기를 보면 자연스럽게 침을 흘리게 되는데 조건형성과 관계없이 자연스럽게 일어나는 반응을 무조건 반응(unconditioned response: UR)이라 한다. 개에게 고기를 보여 주는 행동은 개에게 침을 흘리게 하는 무조건 반응을 일으키게 하는 무조건 자극(unconditioned stimulus: US)이다.

이를 정리하면 자극에는 무조건 자극(US)과 조건 자극(CS)이 있고 반응에는 무조건 반응(UR)과 조건 반응(CR)이 있는 것이다. 이러한 용어를 처음 접하는 보호자들은 약간 당혹스러울 수 있을 것이다. 그러나 반려견 트레이닝에서는 이 전부를 다 암기할 필요는 없으니 희망을 가지자. 여기서는 조건화를 이해 했다면 그것으로 충분하다.

그리고 파블로프의 조건화가 쉽게 이해가 되지 않는다면 보호자도 모르게 스스로 파블로프의 실험 결과를 응용해서 실천하고 있었던 예를 하나 들어 보자. 보호자가 반려견의 이름을 부르면 반려견이 만사 제쳐 놓고 보호자에게 달려오는 가정이 많을 것이다. 그렇게 된 이유 중 하나는 보호자가 반려견의 이름을 부르면(조건 자극) 반려견이 보호자에게 즉시 달려올 경우(조건 반응), 반려견이 원하는 어떤 보상을 보호자가 해 주었기 때문이다.

혹시나 아직 반려견을 불러도 오지 않았다면 고전적 조건화를 이용해 반려견이 즉시 보호자에게 오도록 만들어 보자. 방법은 반려견의 이름을 부르고 달려올 때 또는 반려견의 이름을 부르고 조그마한 반응이라도 보일 때 사료로 보상을 해 주면 된다. 반려견은 자신의 이름을 보호자가 부를 때는 항상 사료가 나왔다는 좋은 기억이 생기게 되기 때문에 이름만 부르면 보호자에게 달려오게 된다. 물론 사료가 아닌 다른 보상물을 주어도 상관없다.

이런 과정을 지속해서 반복하면 반려견은 자신의 이름을 부르는 보호자의 목소리가 들리면 사료를 먹었던 좋은 기억을 회상하게 되어 보호자에게 달려가게 된다. 그리고 보호자에게 달려온 반려견에게 사료 보상을 차츰차츰 줄여나가게 되더라도 반려견은 보호자가 부르는 목소리(또는 자신의 이름이 불릴 때의 억양을 기억하게 된다)에 적응되어 보호자에게 즉시 달려오게 된다.

이름을 불러서 보호자에게 오게 하는 일(개 관련 트레이닝에서 이를 '회수(recall)'라는 용어를 사용한다)은 위험한 상황이 돌발적으로 발생한 경우 반려견을 위험에서 지킬 수 있는 좋은 트레이닝이다. 따라서 이름을 불러서 오지 않았던 반려견은 이번 기회를 통해 회수할 수 있도록 연습해 보면 좋을 것이다.

TIP 10 파블로프 실험을 기반으로 한 응용실험

파블로프의 조건화에 대한 이해를 위해 한 개의 실험을 소개한다. 그리고 반려견 트레이닝에서 많이 사용되는 체계적 둔감법에 대해서도 알아보도록 하겠다.

1. '왓슨'의 '꼬마 앨버트(Little Albert B.) 실험'[63]

미국의 심리학자인 왓슨(John B. Watson)이 앨버트라는 아기를 대상으로 한 실험(Little Albert Experiment)은 파블로프의 조건화를 인간에게도 적용할 수 있는지를 확인한 실험이었다. 즉 왓슨이 원하는 특정 자극에 처음에는 반응하지 않던 아기를 실험을 통해 특정 자극에 반응하도록 조건화시키는 것이 가능한지를 알아보려고 한 실험이었다.

앨버트는 건강한 아기로 실험 전에는 특정 동물(여기서는 하얀색 쥐)을 무서워하지 않고 심지어 만져 보고 싶은 호기심까지 가지고 있었다. 왓슨은 앨버트가 하얀색 쥐를 봤을 때 공포를 느끼게 만들 수 있는지 확인하고 싶었다. 즉 왓슨은 조건 자극으로써 앨버트에게 하얀색 쥐를 보여 주었을 때 조건 반응으로 앨버트가 하얀색 쥐를 보고 '무섭다'라고 인식하게 만들어 공포감을 느끼게 할 수 있는지 실험을 통해 증명해 보이고자 했다. 그래서 앨버트가 하얀색 쥐에게 호

---

63) 애덤 하트데이비스, 이현정 옮김, 《파블로프의 개》, 시그마북스, 2016, p. 28~30. 참고

기심을 가지고 다가가 쥐를 잡으려는 순간 앨버트의 뒤에서 큰 소리가 나게 해 앨버트를 깜짝 놀라게 하였다. 처음에 앨버트는 큰 소리에 놀라기는 했지만, 여전히 하얀색 쥐를 무서워하지는 않았다.

하얀색 쥐의 등장과 앨버트 뒤에서 난 큰 소리를 연결하지 못한 상태이기 때문에 앨버트는 하얀색 쥐에게 여전히 호기심을 가지고 있었다. 눈앞에 보이는 귀여운 하얀색 쥐와 듣기 싫고 자신을 놀라게 만든 큰 소리와의 인과관계(causality)를 앨버트는 아직 인식하지 못했다. 이후 앨버트는 계속되는 실험에 노출되었다. 그렇게 조건화 과정이 계속되었다. 이제 앨버트는 하얀색 쥐가 나타나면 자신이 싫어하고 무서워하는 큰 소리가 자신의 뒤에서 난다는 것을 학습하게 되었다. 하얀색 쥐가 등장하면 무서운 큰 소리가 곧이어 난다는 인과관계를 인식하게 된 앨버트는 하얀색 쥐의 등장에 공포심을 가지게 되었다.

드디어 파블로프가 동물로부터 얻어 낸 조건화라는 개념이 왓슨에 의해 인간에게도 적용될 수 있음이 최초로 증명되었다. 꼬마 앨버트 실험은 인간에게도 조건화가 적용된다는 것을 증명되기는 했지만, 적용 과정에서 한 명의 인격체로서 성장해야 하는 꼬마 앨버트에게 인위적인 공포감을 형성하여 실험이 끝난 후에 하얀색 쥐의 등장에 따른 트라우마(trauma)를 지니고 살아야 한다는 윤리적인 문제를 남겼다.

그리고 앨버트가 겪었을 고통을 생각해 본다면 결코 유쾌할 수 없는 실험이었다. 그리고 인간을 한낱 실험 도구로 전락시켰다는 비판도 많이 받았다. 또 실험에 참여한 사람에게 부정적인 영향을 미치는 연구를 계속 진행해도 되는지에 대한 찬반논란을 불러일으켰지만, 지금은 이런 실험이 금지되어 있으니 조금은 안심해도 되겠다. 우리가 생각하는 것 이상으로 조건화라는 과정은 강력하다고 할 것이다.

조건화를 인간에게 적용했을 때 일어나는 윤리적인 문제점 때문에 반려견 트레이닝을 인위적인 것으로 오해하고 반려견 트레이닝 자체에 대해 거부감을 느끼는 보호자들이 있어 조금 부연 설명을 하고자 한다. 반려견 트레이닝은 분명 인간을 위해 존재하는 것임은 부인하기 어렵다. 다만 야생의 개로 사는 것이 아닌 인간 사회에서 공존하면서 살아야 하는 반려견에게 보호자는 인간 사회에서 적용되는 매너를 가르쳐야 하는 의무가 있다. 그리고 반려견도 인간 사회에서 충돌 없이 잘 살아갈 수 있도록 인간 사회의 매너를 배울 수 있는 권리가 있다. 반려견 트레이닝은 그 매너를 교육하는 것일 뿐이다.

반려견 트레이닝을 해 보면 알겠지만, 반려견은 트레이닝에 참여하는 것을 즐거워한다. 별 운동도 안 하고 그저 집에 있으면서 무력하게 살기보다 반려견 트레이닝에 참여함으로써 하나의 활동이 더해지는 것이므로 무료하던 반려견의 삶을 오히려 풍성하게 해 주는 것이다. 반려견에게 트레이닝을 통해 임무(원 스텝 트레이닝도 하나의 임무가 될 수 있다)를 부여해 보면 반려견이 임무 수행 후 받게 될 칭찬과 보상에 대해서 상당히 즐거워하는 모습을 보게 될 것이다.

2. 체계적 둔감법(systematic desensitization)

반려견 트레이닝에서 엘리베이터 타기를 두려워하는 반려견, 동네 편의점에 들어가기 싫어하는 반려견, 다른 반려견과 만남을 주저하는 반려견 등 낯선 환경과 낯선 만남을 두려워하는 반려견의 행동수정을 위해 파블로프의 고전적 조건화가 광범위하게 사용되고 있다. 대표적인 행동수정 방법의 하나가 체계적 둔감법[64]이라는 것이다.

체계적 둔감법(systematic desensitization)을 이용하면 에스컬레이터 타기를 거부하던 반려견이 이내 적응하고 에스컬레이터 타기도 척척 할 수 있게 된다. 체계적 둔감법이란 반려견이 두려워하는 대상에 조금씩 노출하여 자신이 두려워하는 대상이 사실은 무서워해야 할 필요가 없었다는 것을 반려견에게 인식시켜 두려움을 극복할 수 있도록 돕는 반려견 트레이닝 방법이다. 물론 사람의 경우도 정신과 치료에서 자주 사용되는 방법이다. 알프레드 히치콕(Alfred Hitchcock) 감독의 영화 〈현기증〉(vertigo, 1958)에서도 주인공 '스코티'가 고소공포증을 극복하기 위해 체계적 둔감법을 시도하는 장면이 나온다. 체계적 둔감법을 시도할 때는 환경 적응에 상당한 시간을 들여야 하며 조바심을 내서는 안 된다. 왜냐하면 체계적 둔감법을 사용한다고 했지만, 결과적으로 홍수법(flooding)을 사용해 버리는 경우가 현실에서는 왕왕 발생하기 때문이다.

평소 산책을 두려워하던 반려견도 원 스텝 트레이닝을 통해 산책의 즐거움을

---

[64] 체계적 민감소실 등으로 번역하는 경우도 있다.

발견할 수 있었던 원리도 체계적 둔감법이 원 스텝 트레이닝 속에 녹아 있었기 때문이다. 보호자와 함께 원 스텝씩 걸어가면서 어느덧 반려견은 자신도 모르게 산책에 대한 두려움을 극복할 수 있었다.

체계적 둔감법을 적용하면 편의점에 들어가기를 거부하던 반려견이 편의점을 먼저 찾아 들어가게 만들 수 있으며, 편의점에 가서도 편안함을 느낄 수 있도록 도와줄 수 있다.

스키너의 조작적 조건화(operant conditioning)

스키너가 조작적 조건화를 완성하기까지 몇몇 심리학자들이 스키너의 이론을 풍부하게 해 줄 다양한 이론과 실험을 진행하였다. 대표적인 학자가 미국의 심리학자인 손다이크(E. L. Throdike)이다. 손다이크는 '효과의 법칙(law of effect)'이라는 개념을 정립했는데 이를 한마디로 정리하면 '행동은 그 결과에 따라 증가 될 수도 있고 감소 될 수도 있다'라고 표현할 수 있다. 여기서 행동은 내가 결과를 만들어 내는 전제 조건이다. '효과의 법칙'은 스키너의 이론을 이해하는 밑바탕이 되므로 좀 더 자세히 알아보도록 하자.

어떤 행동의 결과는 내가 원하는 결과일 수도 있고 다른 어떤 행동은 내가 원하지 않는 결과를 가져올 수도 있을 것이다. 원 스텝 트레이닝에 참여한 반려견은 열심히 원 스텝을 따라온 결과 사료를 보상으로 받았다. 보호자를 따라 원 스텝을 차분히 걸은 행동은 반려견이 만족할 만한 사료 보상이라 결과를 가져왔다. 그렇게 반려견이 미친 듯이 열심히 했던 원 스텝은 반려견이 한 행동이고, 사료 보상은 그 결과다. 그렇게 사료 보상을 받는 데 성공한 반려견은 더욱 열심히 원 스텝에 임하게 되고, 그 전보다 좀 더 많은 사료 보상을 받을 수 있다. (로또식 보상을 생각해 보면 알 것이다) 결과라는 산출물(output)이 즉시 그리고 많이 나올수록 행동이라는 투입물(input)이 더 증가하게 되는 것이다.

반대로 내가 한 행동의 결과가 부정적이라면 나 스스로가 그러한 결과를 만든 행동을 제거하려 할 것이다. 예를 들어 반려견 예절교육 과정에 입교한 래브라도 리트리버 견종인 필코라는 강아지가 있다고 해보자. 예절교육 수업 시간에 '기다려'를 배우고 있는 상황에서 필코가 자신이 단독으로 판단하여 기다리지 않고 자리를 떠나는 경우 보호자에 의해 이석(離席) 행동은 제지를 받게 될 것이다. 그러면 제지를 받게 된 필코는 자신의 행동이 왜 제지를 받았는지 생각해 볼 것이고 '기다려' 과정에서 이석 행동을 즉시 또는 서서히 줄이게 될 것이다. 결과라는 산출물(output)이 부정적이었으므로 행동이라는 투입물(input)은 즉시 또는 서서히 감소할 것이다.

이제 우리는 긍정적인 결과를 가져오는 행동들은 스스로 증가시키게 되고 부정적인 결과를 가져오는 행동들은 자제하게 되는 것을 알게 되었다. 물론 이러한 행동을 하는 주체는 동물일 수도 있고 사람일 수도 있다. 반려견이 스스로 행동을 수정하려고 시도하려는 것도 행동의 주체이기 때문이다.

스키너는 손다이크의 '효과의 법칙'을 토대로 좀 더 정교하게 이론을 만들었는데 조작적 조건화(operant conditioning)가 그것이다. 스키너는 행동을 증가시키는 경우를 강화(reinforcement)라고 하고 행동을 감소시키거나 중단하게 하는 것을 처벌(punishment)이라고 분류하였다. 또 행동을 증가시키거나 감소시킬 때 자극을 주는 경우는 정적(positive, +)이라고 하고 자극을 빼는 경우를 부적(negative, -)이라고 했다.

조작적 조건화(operant conditioning)를 이해하기 위해서는 조작이라는 단어가 가장 흔히 사용되는 경우인 조작(造作)과 구분해야 한다. 이미 조작이라는 단어가 나오는 순간 우리는 우리도 모르게 기존의 것을 '인위적으로 바꾼다' 또는 '진품을 위조한다'라고 할 때 사용되는 조작(造作)을 떠올리게 된다. 그러나 조작적 조건화에서 말하는 조작적(operant)이란 단어는 위조한다거나 바꾼다는 의미가 아니라 '효과가 있으면 행동이 증가하고 효과가 없으면 행동이 감소한다'는 의미이다. 또 같은 취지로 물리학에서 시작되었지만, 사회과학에서도 널리 사용되는 조작적 정의[65](operational definition)에서 사용되는 조작적(operational)이라는 단어와도 혼동하면 안 되겠다.

1. 스키너의 조작적 조건화의 기본 개념

● 정적 강화와 정적 처벌

우선 정적 강화와 정적 처벌을 알아보자. 정적 강화(positive reinforcement)는 행동을 증가시키기 위해(강화) 자극(원하는 것)을 더하는 것이다. 예를 들면 보호자가 반려견이 원하는 행동을 했을 때 사료로 보상을 해 주는 경우이다. 원 스텝 트레이닝을 통해 꾸준히 사료로 보상을 한 이유가 이 때문이다. 정적 강화는 이해하는 데 어렵지 않을 것이다. 왜냐하면 우리들 마음속에 이미 '정적'이라는 말과 '강화'라는 단어에 거부감이

---

65) "조작적 정의(operational definition)는 추상적 구성개념이나 변수를 측정하는데 필요한 활동이나 조작을 상세하게 기술함으로써 그것에 의미를 부여하는 방법이다" 남궁 근, 《행정조사방법론(제2판)》, 법문사, 1999, p.282

없기 때문이다. 둘 다 긍정적인 의미의 단어이고 이를 통해 반려견의 행동이 바람직한 방향으로 변화되는 것을 경험했기 때문에 정적 강화를 이해하는 것은 어렵지 않을 것이다. 정적 강화를 쉽게 정리하면 무엇인가를 더해서 더 좋게[66] 만든다는 것이다.

정적 처벌 또한 이해하기가 어렵지 않다. 우리가 일반적으로 아는 처벌이 바로 정적 처벌이다. 즉 행동의 감소를 위해 원하지 않는 자극을 더 하는 것이다.

정적 강화를 통한 반려견 트레이닝은 반려견이 쉽게 받아들이는 효과적인 방법이다.

---

66) 여기서 좋다는 의미는 보호자가 원하는 방향으로 반려견의 행동을 변화시킨다는 의미이다.

● 부적 강화와 부적 처벌

여기까지 이해하는 데는 그리 어렵지 않았겠지만, 이제부터 혼란이 올수 있다. 보통 사람들은 기존에 있는 것에 무엇인가를 더하는 것에는 관대하지만 빼는 것에는 다소 야박하게 군다. 그런 마음속 거부감이 자신도 모르게 '부적(-)'이라는 단어 이해를 어렵게 하는 면이 있다. 그러니 좀 더 넓은 아량을 가지고 부적(negative)이라는 단어에 대한 거부감을 줄여 가면서 하나하나 생각해 보자.

부적 강화의 경우 행동을 증가시키기 위해 자극(여기서는 원하지 않는 것)을 빼는 것이다. 요즘은 맞벌이 부부가 많다 보니 집안일을 남자, 여자 따로 없이 분담해야 하는 경우가 많다. 음식물 쓰레기를 남편이 알아서 척척 버려줬으면 하는 바람을 가진 아내가 음식물 쓰레기를 버리고 오는 남편에게 아낌없는 칭찬을 한 경우는 정적 강화가 될 것이다. 그러나 음식물 쓰레기를 버리지 않고 거실에서 TV를 보던 남편에게 험한 말을 계속하다가 남편이 얼른 음식물 쓰레기를 버리고 돌아왔을 때(남편 행동의 강화) 아내가 잔소리를 멈추는 경우(혐오 자극 제거)는 부적 강화가 된다. (그러니 이 시대의 남편들이여! 혐오 자극이 오기 전에 망설임 없이 음식물 쓰레기 봉투를 집어 들자. 그리고 아내들이여! 부적 강화보다는 정적 강화가 효과적이니 남편의 바람직한 행동에는 찬사와 칭찬을 아낌없이 해 주자)

그리고 부적 강화를 통한 반려견 트레이닝은 정적 처벌과 마찬가지로 비윤리적인 것이 될 가능성이 있다. 그러니 부득이한 경우가 아니라면 정적 강화를 통한 방법으로 반려견을 트레이닝에 참여시키자. 그러면 트레이닝 능률도 오르고 반려견도 잘 따라올 것이다. 반려견은 정적 강화를 통한 반려견 트레이닝을 하나의 재미있는 놀이로 생각한다.

이제 마지막으로 부적 처벌에 대해 알아보자. 부적 처벌(negative punishment)은 행동을 감소시키기 위해 자극을 빼는 방식으로 진행한다. 여기서 자극을 뺀다는 것은 처벌하지 않는다는 의미는 아니다. 자극을 빼는 것이 처벌이 되므로 빼는 대상은 반려견이 원하는 자극이 된다. 반려견이 원하고 있었던 또는 좋아하는 것을 빼는 것 자체가 처벌이 된다는 말이다.

좀 더 구체적으로 반려견 트레이닝 과정 중에 나타나는 부적 처벌을 사진을 보면서 설명해 보자. 아래 사진 속 랩[67](lab)은 자신이 앉았을 경우 많은 사료로 보상(정적 강화)을 받았으므로 이번에도 어김없이 자신이 '앉았기' 때문에 보상을 당연히 받을 것이라는 기대감에서 보상을 기다리고 있다. 하지만 사진 속 과정에서 원하는 동작은 '엎드리는 것'이므로 사료 보상을 받지 못하고 있다. 이때 랩이 보고 있는 앞에서 보호자가 손안에 쥐고 있던 사료를 먹는 척하거나 사료 몇 개를 제거해보자. 사료가 눈앞에서 사라지는 황당한 경험을 하게 된 랩은 왜 사료가 사라지는지에 대해 많은 고민을 하게 된다. 그런 고민이 깊어질수록 랩은 앉는 행동을 줄이게 된다.

---

67) '랩(lab)'은 래브라도 리트리버(Labrador Retriever)를 줄여서 부른 것이다.

눈앞에 보이는 사료가 없어지고 있으므로 원하는 것을 뺀 것과 같은 효
과를 나타내는 부적 처벌.

즉 현재 이 랩이 원하는 사료라는 보상물을 사라지게 함으로써 랩에게
는 원하는 것을 빼앗긴 것과 같은 효과가 있다. 처벌이라는 말이 붙었지
만, 정적 처벌과 달리 자극을 반려견에게 직접적으로 주는 것이 아니다.

부적 처벌은 반려견이 이 동작 저 동작 등 많은 동작을 배웠으나 보호자
의 명령에 정확한 동작을 하지 못할 때 사용하면 유용하다. 어떤 행동을
할지 정확히 이해하지 못할 때, 시행착오(trial and error)를 겪는 과정에
서 사용하게 되면 반려견에게 정신적, 육체적 충격을 주지 않고도 보호자

가 원하는 트레이닝을 진행할 수 있는 장점이 있다.[68] 그리고 특정 동작을 익히는 과정에서는 부적 처벌보다는 정적 강화가 더 큰 효과가 있으므로 부적 처벌은 완성되어 가는 동작들의 구분을 위해 사용하는 것이 바람직하겠다.

오지 않는다면 내가 간다는 신념으로 반려견이 보상물을 달라고 하더라도 지금은 부적 처벌이 진행되고 있는 시간이므로 보호자는 보상물을 사수하여야 한다.

다만 반려견 트레이닝 시 부적 처벌을 하는 경우 유의할 점이 있다. 반려견은 분명 보상을 받을 만하다고 생각하고 기다리고 있는데 시간이 지

---

68) 특정 동작을 줄이는 방법에는 소거(extinction)도 있다.

나도 보상이 나오지 않으면 보상물을 얻으려고 적극적으로 이 동작 저 동작도 해 보다가 사진처럼 적극적으로 보상물을 획득하려고 보호자의 손을 핥거나 코로 비비는 행동을 하게 된다. 이때 보상물을 주게 되면 처벌의 효과가 없어지게 되므로 보호자는 사료를 빼앗기지 않도록 적극적으로 방어해야 한다.

2. 스키너의 강화계획(Schedules Of Reinforcement)

여러 유명한 심리학자 중 스키너가 유독 유명하게 된 것은 그가 처음으로 강화계획에 대한 아이디어를 제공했기 때문이다. 부력을 발견한 아르키메데스[69](Archimedes)가 평소와 같이 목욕탕에 들어갔을 때 자신이 들어가자마자 물이 넘치는 것을 보고 유레카를 외친 것처럼 유명한 발견 또는 발명들은 한순간의 영감, 우연찮은 사건에 의해 이루어진 경우가 많다. 스키너도 평소와 다름없이 스키너 상자 안의 쥐에게 줄 먹이를 준비하던 중 그때 문득 하나의 아이디어가 떠올랐다고 한다. '반응이 나왔다고 바로 보상물을 줄 필요가 있을까?' 지금 보면 비교적 단순해 보이는 이 아이디어는 당시에는 생각할 수도 없었던 '강화계획'이라는 규칙을 스키너가 만들 수 있게 했다. 이로써 동물들의 학습 이론에 새로운 장이 열리게 되었다.

이전에는 하나의 반응이 나오면 하나의 보상물을 연결했다. 왜냐하면 보상물이 없으면 행동이 약해진다고 알려졌기 때문이다. 하지만 보상물

---

[69] 그리스의 수학자이자 물리학자로 부력의 원리를 발견한 사람이다.

을 뜸하게 줘도 행동은 약화되지 않고 오히려 강화되는 경우도 생긴다는 놀라운 사실을 스키너(B. F. Skinner)는 퍼스터(C. B. Ferster)와 함께《강화계획》(Schedules Of Reinforcement)이라는 책에서 수많은 데이터와 그래프를 통해 밝혔다. 강화계획은 연속적 강화와 간헐적 강화로 대별할 수 있다. 연속적 강화는 이전에 늘 해 왔던 보상 방법으로 행동과 보상을 1:1로 보상해 주는 방식이고 간헐적 강화는 스키너에 의해 고안된 것이다. 간헐적 강화에는 1) 고정 비율(fixed ratio), 2) 고정 간격(fixed interval), 3) 변동 간격(variable interval), 4) 변동 비율(variable ratio)의 4가지 방식[70]이 있다.

스키너는 강화계획(Schedules Of Reinforcement)을 쓰기 위해 비둘기를 이용한 실험을 하게 된다. 그래서인지 그는 이 책 첫 장에서 비둘기를 스태프(staff)라고 언급하였는데 이전까지 스키너 상자에서 열심히 레버를 누른 쥐들에게는 애석한 일이 아닐 수 없다.

---

70) 물론 세부적으로 들어가면 그 밖의 방식도 있겠지만 반려견 트레이닝에 필요한 4가지만 소개하였다.

강화계획에는 앞서 설명한 것처럼 지속적으로 보상을 주는 방식인 연속적 강화와 행동 중간마다 비연속적으로 보상을 주는 간헐적 강화 두 종류가 있다. 연속적 강화는 바람직한 행동을 할 때마다 강화하는 것이다. 즉 잘한 행동에 대해 보상을 1:1로 연속적으로 준다는 의미이다. 연속적 강화는 반려견 트레이닝 초기에는 효과가 있다. 하지만 반복적인 강화를 통해 반려견이 보상에 대한 예측이 가능해지면 기대치가 떨어지게 되어 시간이 지남에 따라 트레이닝 성과는 현저하게 떨어진다. 행동 후 즉시 보상이 있지 않으면 행동을 하지 않게 되는 치명적인 단점이 있다.

예를 들면 즉시 보상 전진 3-3-3 트레이닝(QRFT 3)의 경우, 보호자가 쓰리 스텝 걸어갔다가 멈출 때 반려견이 잘 따라온 후 앉을 때 즉시 보상을 주게 된다. 쓰리 스텝마다 연속적으로 보상을 주면 처음에는 반려견이 보상에 대한 기대감 때문에 트레이닝에 집중한다. 하지만 보상의 시점에 변화를 주지 않고 트레이닝을 계속 진행하게 된다면 반려견은 마지막 쓰리 스텝 후 보상을 받으면 자리를 이탈하려 할 것이다. 왜냐하면 이제 더 보상이 없다는 것을 알고 있기 때문이다.

연속적 강화가 행동과 보상에 대한 1:1 매칭 방식의 강화계획이라면 간헐적 강화는 바람직한 행동을 하더라도 가끔 보상을 하게 된다. 이 책에서 소개한 원 스텝 트레이닝 과정 중 랜덤 보상 전진 트레이닝(RRFT)이 간헐적 강화를 이용한 강화계획이다. 보호자는 복잡한 강화계획을 따로 세우지 않아도 자연스럽게 4가지의 간헐적 강화를 골고루 사용하게 되므로 원 스텝 트레이닝은 효과적인 반려견 트레이닝 방법이며 장점이라 할 수 있다.

간헐적 강화는 총 4개의 강화계획으로 나뉜다. 첫째, 고정 간격(강화)는 일정 시간에 보상물을 제공하는 것이다. 간격은 시간을 의미하며 비율은 행동(반응)의 횟수(the number of responses)를 말하는 것이다. 이 책에서는 지연 보상 전진 트레이닝 방식에서 3초마다 사료로 보상을 해 준 경우가 고정 간격을 이용한 강화 방법이었다. (여기서 주의해야 할 점은 3초마다 사료로 보상하는 것의 전제 조건이 무시 되어서는 안 된다는 것이다. 그 전제 조건은 특정 스텝 후 앉는 동작을 해야 한다는 것이다. 그 후에 3초가 지난 후 보상을 한다는 것이지 행동을 하지도 않았는데 3초만 지났다고 보상을 해서는 안 될 것이다) 둘째, 변동 간격(강화)는 간격 즉 보상 시점이 불규칙하게 변한다는 의미이다. 불규칙한 시간에 사료를 제공함으로써 반려견의 동작을 강화한 것이다. 우리 책에서는 지연 보상 전진 트레이닝에서 1초, 3초, 5초 등 보상 시점을 다르게 하여 매번 동작에 사료를 제공하였다. 셋째, 고정 비율(강화)의 방법이 있다. 비율은 앞서 설명했듯 행동의 횟수인데, 고정 비율은 행동의 횟수를 고정한 경우다. 즉 일정한 비율에 사료를 제공하는 것이다. 즉시 보상 전진 3-3-3 트레이닝 경우를 보자. 우리는 쓰리 스텝마다 보상 또 쓰리 스텝마다 보상 그리고 마지막으로, 쓰리 스텝에서 사료를 보상하였다. 쓰리 스텝이라는 고정된 동작의 횟수에 따라 보상을 한 것이 고정 비율을 통한 강화였다. 마지막으로 변동 비율(강화)인데 행동의 횟수가 변화하게 만들어 보상을 주는 경우이다. 불규칙한 비율에 사료를 제공하는 것인데 즉시 보상 전진 1-3-5-7 트레이닝 경우 원 스텝, 쓰리 스텝, 파이브 스텝, 세븐 스텝 등 동일한 스텝이 하나도 없이 계속적으로 스텝 수를 변화시켜 반려견에게 보상을 주었다.

'긍정적 강화'라는 번역이 나은 참사

앞서 설명한 것처럼 스키너는 강화의 종류에서 행동 뒤에 자극을 더하는 방향으로 행동을 강화하려는 것을 정적 강화(positive reinforcement)라고 하였다. 여기까지는 문제가 없었다. 하지만 비극은 우리에게 익숙한 단어 'positive'를 번역하면서 시작되었다. 'positive'를 사전에서 찾아보면 제일 먼저 등장하는 뜻이 '긍정적인'이다. 'reinforcement'가 강화라는 뜻이니 이 둘을 합치면 '긍정적 강화[71]'라고 번역되는 일은 대단히 자연스럽다. 그리고 그 뜻 또한 한 번만 들어도 쉽게 잊히지 않을 정도로 뭔가 대단히 '좋다'라는 느낌을 준다.

그러나 'positive reinforcement'란 단어를 '정적 강화'라고 번역하기보다 '긍정적 강화'라고 번역하면서 문제점이 나타났다. 그 문제점은 보호자에게 긍정적 강화만이 반려견 트레이닝의 유일무이한 방법론이라는 착각을 불러오게 만든 것이다. 이러한 현상은 반려견 트레이닝을 다룬 책뿐만 아

---

71) 긍정적 강화라는 말은 듣기도 좋고 변화에 있어서 희망을 품게 하는 기대감을 주기도 한다. 이에 비해 정적 강화라는 번역은 밋밋하기도 하지만 한 번에 그 뜻이 전달되지 않는다는 단점이 있었을 것이다. 그래서 많은 분야에서 긍정적 강화라고 번역하여 사용했으리라 추측된다. 그러나 보호자가 반려견 트레이닝 관련 이론을 익히고 스스로 반려견 트레이닝을 완성하기 위해서라도 지금부터라도 '정적 강화'라고 번역하여 사용하는 것이 더 낫지 않을까 한다.

니라 경영, 교육 등을 다룬 책에까지 확대되었다.

그러나 유감스럽게도 'positive reinforcement'는 반려견 트레이닝 분야에서는 그냥 '정적 강화'라는 말 그 이상도 그 이하도 아니다. 말 그대로 강화를 하기 위해 보상을 한다는 뜻일 뿐이다. 여기서 'positive'는 그저 반려견이 보호자가 원하는 행동을 한 뒤에 그 행동을 지속시키고 좀 더 완벽하게 만들기 위해 보상을 주는 행동을 말하는 것일 뿐이다.

예를 들어 병원에서 혈액검사(cbc)를 할 때 검사 결과지에 'positive'가 나왔다고 환자에게 '긍정적'이라고 이야기하지 않는 것처럼 말이다. 물론 'negative'가 나왔다고 '부정적'이라고도 하지 않는다. 오히려 피검사 결과에서는 'positive'가 '양성'으로 번역되고 그 뜻은 질병이 있다는 부정적 결과임은 주지의 사실이다. 이처럼 반려견 트레이닝에서도 'positive reinforcement'를 긍정적 강화로 번역하지 말고 정적 강화라고 번역하는 것이 보호자들에게 오해를 덜 불러일으킬 것이다.

긍정의 반대말은 부정이다. 우리는 어떠한 경우라도 삶에 있어서 긍정적인 자세를 잃지 않아야 한다고 배웠다. 영화 〈인생은 아름다워〉(life is beautiful, 1997)[72]를 볼 때마다 우리에게 감동을 주는 이유는 바로 언제 죽을지도 모르는 유태인 집단 수용소에서도 긍정적인 삶의 자세를 유지하는 주인공의 모습을 보며 희망을 발견하기 때문일 것이다. 어떠한 시련

---

72) 로베르토 베니니 감독, 〈인생은 아름다워〉(life is beautiful), 1997

과 절망 상황에서도 긍정이라는 단어는 우리가 놓쳐서는 안 되는 절대불변의 가치를 지닌다. 물론 이 부분에 절대적으로 공감한다.

긍정적 강화라는 말은 장점도 많지만 분명 단점도 있음에 유의해야 한다.

그러나 아쉬운 점은 긍정이라는 단어는 삶을 대하는 개인의 가치관이 개입되어 있다는 것이다. 정적 강화를 긍정적 강화라고 번역할 경우, 부적 강화 또는 처벌이라는 단어가 병존하기 어렵게 된다는 문제점이 발생한다. 이제 반려견 트레이닝을 시작하는 보호자가 긍정적 강화만이 선한 것이고 부적 강화 또는 처벌은 버려야 할 과거의 악습으로 받아들일 위험이 있다. 물론 정적 강화를 통한 반려견 트레이닝 시 부적 강화와 처벌(특히 정적 처벌)이 사용되는 경우는 극히 드물다. 하지만 오로지 정적 강화 하나만이 모든 경우에 들어맞지는 않음을 이해하자는 것이다.

반려견 트레이닝을 하면서 정적 강화를 통해 보호자가 원하는 그리고 필요로 하는 많은 행동을 조성할 수 있는 것은 사실이다. 그러나 정적 강화만으로 반려견 트레이닝의 모든 분야가 가능한 것처럼 이야기하는 것은 무리가 있다. 이 점에서 정적 강화를 의미하는 'positive reinforcement'를 '긍정적 강화'라고 번역하는 것이 보호자 스스로 반려견 트레이닝을 완성할 수 없도록 만드는 하나의 걸림돌이 되지 않는가 한다.

'원 스텝 트레이닝'은 보호자가 반려견 산책 시 반려견이 보호자보다 앞서지 않고 보호자와 동행하면서 교감을 나눌 수 있도록 보호자의 보폭에 맞춰 반려견이 산책할 수 있도록 하는 것을 목적으로 한다고 앞서 밝혔다. 이렇게 보호자가 원하는 행동을 강화하기 위해 우리는 원 스텝, 쓰리 스텝, 파이브 스텝 등에서 사료로 보상을 주었다. 반려견도 맛있게 사료를 먹으면서 차근차근 진행되는 트레이닝 과정 속에서 적극적이고 능동적으로 반응하면서 보호자와 반려견 모두가 즐겁게 트레이닝을 해 왔다. 이 모든 행동은 보호자가 알고 있었든 모르고 있었든 상관없이 사료라는 보상물을 통해 정적 강화를 한 결과이며 이를 통해 반려견 행동을 변화시킨 것이다.

더한다는 의미에서 'Positive'를, 뺀다는 의미에서 'Negative'를 사용한 것이다. 즉 Positive는 '+'를, Negative는 '-'를 의미할 뿐이다. 긍정적 가치 또는 부정적 가치를 부여하는 것이 아니었음을 재차 강조하고 싶다. 긍정적 강화라는 말은 장점도 많지만, 단점 또한 있음을 보호자들은 인지해야겠다.

드라이브(drive)에 대한 이해

　드라이브(drive)라는 단어가 누구에 의해 그리고 언제부터 개 관련 트레이닝 분야에 사용되었는지는 명확하지 않다. 다만, 학습심리학 분야에서 추측해볼 수 있는 단서가 있을 뿐이다.

　학습심리학에서는 드라이브를 추동[73]이라는 용어로 번역하여 사용한다. 미국의 심리학자 클라크 레너드 헐(Clark Leonard Hull)의 추동 감소

---

73) 학습심리학 서적에서는 추동이라고 번역된 경우도 있고 추진력 또는 그냥 드라이브로 번역한 경우도 있다. 개 관련 트레이닝 실무에서는 '드라이브'라고 주로 사용한다. 그렇다고 헐이 개 관련 트레이닝 실무에서 사용되는 '드라이브'라는 용어의 창시자라는 말은 아니다. '드라이브'라는 용어를 이해하기에 가장 적합한 설명을 하고 있다는 점에서 추동 감소이론을 소개하였다.

이론[74]이 반려견 트레이닝 실무에 사용하는 드라이브와 유사한 의미로 사용되었다. 헐은 행동을 하게 되는 원인이 드라이브 때문이라고 하였다. 드라이브가 무슨 뜻인지 와 닿지 않는다면 그냥 욕구(desire)와 같다고 생각하면 이해가 쉬울 것이다. 사람의 경우도 무엇을 하고자 하는 욕구로 인해 행동하게 된다. 배고픔을 채우기 위해 먹는 행동을 하는 것이 대표적인 예이다.

하여튼 드라이브 때문에 행동하게 된다는 것인데 반려견 트레이닝 분야에서 드라이브가 중요한 이유는 개개의 드라이브는 반려견의 특정한 행동과 연결되어 있기 때문이다. 예를 들면 냄새를 맡고자 하는 센트 드라이브(scent drive)는 반려견으로 하여금 냄새의 근원지를 찾아가게 하는 동기를 부여하게 되고 결국은 동물의 배설물이나 사람의 발자국에 남아 있는 미세한 냄새를 통해 대상물을 추적하는 행동을 하게 만든다.

반려견 트레이닝을 위해서는 자동차를 움직이기 위해 시동을 걸듯이 반려견에게 드라이브를 걸어 욕구를 끌어내야 한다. 이렇게 반려견이 특정한 욕구를 추구하게 하는 과정을 반려견 트레이닝 분야에서는 '드라이브(drive)를 건다'라는 표현을 사용한다. 원 스텝 트레이닝은 사료를 중심으로 하는 트레이닝이므로 반려견으로부터 끌어내는 욕구는 식욕이다.

---

74) "헐은 초기에는 학습에 대한 추동 감소 이론을 주장하였다. 그러나 이후 추동 자극 감소 이론으로 입장을 수정하였다" Matthew H. Olson · B. R. Hergenhahn, 서울대학교 학습창의센터 옮김(대표역자 신종호 · 이선영), 《학습심리학》, 학지사, 2019, 제6장 클라크 레너드 헐 - 헐의 1943년 이론과 1952년 이론의 주된 차이점, p.172

이러한 식욕을 자극하여 트레이닝을 하는 것을 '사료 드라이브[75]'를 이용한 트레이닝 법이라 한다. 사람도 마찬가지이지만 식욕은 생명체가 생존하기 위한 일차적인 욕구[76]이다. 일차적 욕구를 충족시켜 줄 수 있는 보상물은 다양하겠지만 트레이닝용 보상물로는 음식이 가장 보편적으로 사용되고 있다.

사료 드라이브를 좀 더 자세히 설명해 보자. 사료 드라이브는 사료를 먹고자 하는 욕구의 강도이다. 사료 드라이브는 처음 타기팅을 위해 사용했을 뿐만 아니라 원 스텝 트레이닝 전반에서 사용되었던 생리적 욕구로 반려견 관련 트레이닝에서 가장 많이 사용하고 있는 드라이브 종류 중 하나이다.

원 스텝 트레이닝의 경우 사료 드라이브를 적극적으로 활용하는 트레이닝이다. 따라서 사료 드라이브가 없으면 트레이닝이 어려워진다.(사실 어려워지는 정도가 아니라 트레이닝을 진행할 수 없게 된다)〈원 스텝 트레이닝에 들어가기 전 알아야 하는 사항과 전제 조건〉 편에서 식습관 개선 프로젝트를 진행한 것도 이 때문이었다.

---

75) 이 책은 사료 드라이브(food drive)라는 용어를 사용하였는데 일반적으로 푸드 드라이브라고 번역하는 경우가 더 많다. 푸드 드라이브라고 써도 되겠지만 원 스텝 트레이닝은 사료를 이용한 트레이닝 법이므로 거기에 맞게 푸드의 여러 가지 종류 중 하나인 사료를 특정해서 사용하였다. 그러니 푸드 드라이브와 사료 드라이브는 같은 의미인 것이다. 참고로 푸드 드라이브를 먹이 드라이브(prey drive)라는 용어를 사용하기도 한다.

76) 일차적인 욕구를 채워 주는 것이 일차 강화물인데 폴 챈스는 〈학습과 행동〉에서 "가장 명백한 그리고 연구에서 가장 흔히 사용되는 일차 강화물은 음식과 물 그리고 성적 자극이다"라고 밝히고 있다. Paul Chance, 김문수·박소현 옮김, 《학습과 행동》(제7판), 센게이지러닝코리아, 2016, p.177

사료 드라이브를 유지하기 위해서는 보상물로 제공되는 사료 이외에는 다른 음식 사용을 자제하여야 한다. 다른 음식을 사용하는 경우 자칫하면 트레이닝용으로 사용되는 사료에 대한 선호도가 급속히 낮아지기 때문이다. 예를 들어 육포를 준다든가 소시지를 간식으로 줄 경우, 사료에 대한 욕구가 줄어들게 된다.

사료 드라이브 활용 시 2가지 유의점

사료 드라이브를 이용한 트레이닝에는 2가지 유의점이 있다.

첫 번째는 물림(satiation) 현상에 대해 주의를 하는 것이고 두 번째는 음식의 종류에 따라 반려견의 흥분도가 달라지므로 적합하지 않은 음식의 경우 트레이닝에서 배제해야 한다는 것이다.

물림 현상이란 음식은 배고픔을 해결해 주는 유용한 수단이지만 음식 섭취량이 늘어날수록 포만감이 증대하고 배고픔이 사라지는 순간 더는 음식이 필요 없어지는 것을 말한다.

얼마 전 친구에게 물림(satiation) 현상에 관해 설명하던 중 친구가 "사람이 개에게 물렸다고?"라고 말해 깜짝 놀란 적이 있었다. 여기서 말하는 물림 현상이란 사람이 '개에게 물림(dog bite)'이 아니고 음식을 더 먹고 싶지 않은 상태를 말한다. 즉 배고픔이 사라진 후에 음식이 필요로 하지 않게 되는 시점에서 발생하는 음식에 대한 거부감이라고 할 것이다. 간단히 말하면 배가 불러 음식을 더 먹고 싶지 않다는 뜻이다.

적정 급여량을 넘어 포만감이 들 정도로 과도하게 사료를 줄 경우, 어제까지만 해도 트레이닝을 잘 따라오던 반려견이 한순간에 트레이닝을 싫증 낼 수도 있다.

물림 현상이 발생하면 사료 드라이브는 사라지게 된다. 반려견 입장에서 사료 드라이브가 사라진 이상 트레이닝 과정에 더 참여해야 할 동기가 없어지게 된다. 그러므로 사료를 이용한 반려견 트레이닝 시 반려견의 하루 식사량을 사전에 파악하여 트레이닝 과정 중에 급여할 사료의 양을 미리 정해 두어야 한다.

반려견 트레이닝에서 보상물로써 사료를 이용하게 될 때 가장 큰 이점은 음식에 대해 과도한 흥분을 하지 않는다는 것이다. (물론 배가 고픈 반려견은 기본적으로 허기를 채우기 위해 사료를 보더라도 어느 정도 흥분은 하게 되는데 여기서는 사료와 그 외 자극적인 음식과의 상대적인 차이를 말하는 것이니, 반려견 트레이닝 도중 사료의 냄새를 맡고도 반려견이 너무나 얌전하게 있을 것이라는 착각은 버리자)

예를 들어 평소 반려견이 개 껌을 무척 좋아해서 보호자는 개 껌을 사용해서 트레이닝을 한다고 해보자. 개 껌을 먹어 본 반려견에게 개 껌을 보여 줄 경우, 과도한 흥분을 하게 됨을 발견할 수 있을 것이다. 그러니 개 껌은 트레이닝 도중 보상물로써 제공되는 음식의 종류로는 적합하지 않다.

사료만으로 훈련하는 것에 단조로움을 느끼는 보호자가 있다면 트레이닝 과정을 끝낼 때 사료 이외의 음식을 한 번 정도 주는 것으로 만족하자. 비록 다른 음식물 보상보다 사료가 주는 느낌이 밋밋한 것은 사실이지만, 사료라는 보상물은 반려견의 흥분도는 낮추고 트레이닝 능률은 올릴 수 있는 좋은 아이템임을 의심하지 말자.

개 껌을 먹는 순간 개 껌에 모든 신경이 다 쏠려 트레이닝이 불가능해질 것이다.

다양한 드라이브를 이용한 트레이닝 모습

방어 드라이브(defence drive)를 이용한 IGP트레이닝(방호) 모습

사냥 드라이브(hunting drive)를 이용한 공놀이 트레이닝 모습

센트 드라이브(scent drive)를 이용한 IGP트레이닝(트래킹)

반려견 드라이브는 동심원적으로 발현된다

사람의 동기부여에 관한 이론 중 유명한 이론 중 하나인 '매슬로 (Abraham Harold Maslow)의 욕구 5단계 이론[77]'에서는 인간의 욕구가 계단식으로 한 단계, 한 단계씩 과정을 밟아 가며 최종 단계에까지 이른다고 설명하였다.

그러나 반려견의 동기부여(드라이브)는 사람과는 다르다. 반려견의 동기부여는 사람처럼 피라미드 형식으로 하층의 욕구인 육체적 욕구와 상층의 욕구인 정신적 욕구를 나눌 수 없고 하층의 욕구가 이뤄지면 상층의 욕구로 밟아 나가는 위계적(계층적) 구조[78]라기보다 동심원적 구조에 가깝다. 즉 반려견에게는 하층과 상층의 욕구가 있다기보다 상황에 맞는 욕구가 그 욕구의 크기에 따라 동심원적으로 발현된다.

배가 고픈 반려견에게는 사료 드라이브를 이용한 트레이닝이 가장 적합하며 발정(estrus)이 온 암컷의 냄새를 인지한 반려견에게는 볼 드라이브를 이용한 트레이닝이 곤란한 경우가 자주 있다. 평소 볼만 보면 미친 듯이 달려들던 반려견이라 하더라도 암컷의 냄새에 꽂히게 되면 그 냄새

---

77) 에이브러햄 매슬로, 오혜경 옮김, 《동기와 성격》(제3판), 연암서가, 2021, p.89~104 참고
78) 매슬로는 "일단 다른(상위)욕구가 생기면 생리적인 배고픔보다 그런 상위 욕구가 인간을 지배한다. 그리고 그 욕구가 충족되면 보다 더 높은 수준의 새로운 욕구가 생기며 이런 과정은 계속해서 이어진다. 인간의 기본 욕구들이 상대적인 우세함에 따라서 위계적으로 구성되어 있다는 말은 바로 이런 뜻이다"라고 "욕구 단계의 역동성"을 설명한다. 에이브러햄 매슬로, 오혜경 옮김, 《동기와 성격》(제3판), 연암서가, 2021, 욕구 단계의 역동성, p.94

에 정신이 팔려 볼 드라이브가 강한 반려견이 맞는지조차 헷갈릴 정도로 평소와는 다른 모습을 보이게 된다.

보호자가 원 스텝 이외의 다른 트레이닝을 반려견과 하고자 할 때는 보호자는 반려견에게 어떤 드라이브를 발현케 할 것인지 고민해야 할 것이다. 프리스비(frisbee)를 원하는 경우 반려견에게 놀이 드라이브(play drive)를 발현시켜야지 방어 드라이브나 공격 드라이브를 걸어서는 안 된다는 것은 당연하다.

영화 〈언더독[79)]〉(Underdog)에서는 보호자가 산에 반려견을 버려두고 가는 모습이 나온다. 혹시나 반려견이 차를 따라올까 봐 평소 반려견이 좋아하는 테니스공을 숲속으로 던져 반려견이 공을 찾으러 가는 동안 보호자는 얼른 차를 타고 전속력으로 산을 빠져나간다. 차가 가는 것을 본 반려견은 차를 따라가지만 결국 차를 따라잡지 못하고 지쳐 산속에 홀로 남겨진다. 버려진 반려견은 영화 속 주인공 '뭉치'다. 뭉치는 자신이 버려졌다는 생각을 하지 못하고 있지만, 그와 같은 운명을 겪은 다른 유기견들이 현실을 알려 주어 충격을 받게 된다.

실제로 북한산에 버려지는 개가 너무 많고 버려진 반려견들은 무리를 지으며 먹이활동을 하게 되면서 야생화 되고 있다. 흔히 말하는 '야생 들개'처럼 되어 북한산을 찾는 등산객, 특히 혼자 산을 타는 사람들에게 위협이 되고 있다는 뉴스가 심심치 않게 나오고 있다.

---

79) 오성윤, 이춘백 감독, 〈언더독〉(Underdog), 2018

최근 황금종려상 수상작의 중심에는 '가족'이라는 공동체가 자리하고 있다. 냉전체제 속 미·소 갈등 등 거대담론(discourse)은 현시대를 살아가는 우리들에게 이제 버거운 주제가 되었다.

현실을 살아 내기가 벅찬 우리들에게 이제 감동을 주는 것은 어떻게 보면 과거에는 사소해 보였던 가족 이야기이다. 이제는 우리가 이 땅을 살아가게 해 주는 원동력인 가족에 대한 통찰과 가족 구성원으로서 가져야 하는 역할과 책임을 고민해야 할 시점이다.

반려견 또한 입양되어 온 순간부터 가족의 구성원이 된다. 고레에다 히로카즈[80](Hirokazu Koreeda)는 비록 일본인이지만 가족이라는 공동체에 대한 통찰이 날카롭다. 특히나 그가 만든 〈아무도 모른다〉(Nobody Knows, 2004)라는 영화는 이 책을 읽고 있을 보호자들에게 반려견과 함께 하는 삶 전반에 적용할 수 있는 철학을 제공해 주고 있다.

〈아무도 모른다〉라는 제목의 영화는 남편 없이 혼자 4명의 아이를 기르고 있는 엄마가 돌아오지도 않을 거면서 돌아오겠다는 헛된 약속을 하고 집을 나가버린 이후 남겨진 아이들의 비참한 모습을 담담하게 담고 있다.

엄마가 아이들을 버린 이유가 아이러니하다. 집을 떠나기 전 엄마는 큰

---

80) 고레에다 히로카즈 감독 영화의 주제는 가족에 대한 것이 많다.

아들과 도넛 집에서 자기 멋대로 사라져 버린 남편을 원망하며 큰아들에게 따지듯 엄마는 행복해지면 안 되냐고 묻는다. 어떤 사람들에게는 자식이 행복의 근원이다. 흔히 자식 때문에 산다고도 한다. 그러나 영화 속 엄마는 자식들과 있는 것이 불행의 근원이었다. 그래서 버리기로 마음을 먹었다. 아마도 〈언더독〉에서 주인공 '뭉치'를 버린 보호자도 반려견과 같이 사는 것이 행복이 아닌 불행이며, 삶의 고단함을 풀어 주기보다 오히려 책임감만 가중한 것이 아니었을까?

'당신이 반려견을 휴가지에 데리고 가서 버리고 오더라도 **아무도 모른다.**'

'당신이 집안에서 말 안 듣는 반려견을 학대하더라도 **아무도 모른다.**'

그러나 **아무도 모른다** 해서 반려견을 버리거나 학대해서는 안 됨은 너무나 당연하다.

우리는 뜻하지 않게 어떤 역할을 맡게 되는 경우가 종종 있다. 결혼한 부부는 아이가 생기면 '부모'라는 역할이 생긴다. 부모란 역할이 어떤지 어떻게 해야 하는지 준비도 없이 시간이 흐름에 따라 임신과 출산을 거치면서 아빠와 엄마라는 그리고 아이의 보호자라는 역할을 맡게 된다. 이렇게 준비가 안 된 상황에서 자신이 원하지 않은 역할을 맡게 될 때 자신이 추구하고자 하는 행복과 역할이 주는 의무감 사이에서 갈등이 오게 마련이다.

반려견을 키운다는 것도 보호자에게는 행복감을 주기도 하지만 동전의 양면처럼 반려견을 돌봐야 하는 '의무'라는 행복과는 조금은 거리가 멀어 보이는 책임감이 부여된다. 그리고 이 책임감은 보호자가 생각했던 선을 넘어설 수 있다. 선을 넘게 되면 보호자는 체념 상태에 이르게 될 것이고 반려견을 학대하거나 휴양지에 버리고 오거나 심지어는 방구석에 홀로 내버려 두는 경우에까지 이르게 된다.

당신도 당신이 행복해지기 위해 반려견을 버려야만 하는 것일까? 아마 처음부터 반려견을 버리려고 입양을 하는 사람은 아무도 없을 것이다. 다만 반려견과 함께 있는 것이 즐겁고 행복해지기 위해서는 보호자로서 책임이 필요하다는 것을 알아야만 한다. 책임이란 때론 영화 속 엄마가 자식을 버릴 수밖에 없을 정도로 감당하기가 힘들 수도 있음을 인식하고 반려견으로 인해 보호자의 삶이 너무 벅차게 되지 않도록 평소 노력해야 한다. 반려견을 키우면서 돈이 문제가 된다면 고정 비용인 사료를 선택할 때 고가의 사료를 사서는 안 되고 다 좋은데 배변 냄새가 너무나도 싫다면 배변 트레이닝을 실시하는 등 보호자와 반려견이 공존할 수 있도록 노력해야 한다.

반려견을 버려야 할 정도로 반려견이 천덕꾸러기가 되는 과정은 하루 아침에 벌어지지 않는다. 살면서 조금씩 어긋난 결과 이제는 도저히 감당할 수 없을 지경에 이른 것이다. 그러니 이 책을 통한 트레이닝은 당신과 반려견 사이가 어긋나는 것을 막아 줄 수 있는 유용한 도구로 사용될 것이다. 보호자가 이 책에서 배운 내용을 토대로 당신의 반려견과 행복한 삶을 영위할 수 있도록 간절한 마음으로 기도한다.

Special Thanks To

온유한 자는 복이 있나니(마5:5)

김화자

의에 주리고 목마른 자는 복이 있나니(마5:5)

김광수

사람이 부모를 떠나 그의 아내와 합하여(엡5:31)

김민성

너는 배우고 확신한 일에 거하라(딤후3:14)

박진웅·박인애

● 참고 문헌 ●

김동훈·양병철·김동교·박진기, 《재능을 기부하는 개들(RDA Interrobang 112호)》, 농촌진흥청, 2013. 11. 6

박창열, 《탐지견 양성에 있어 한·미간의 비교연구》, 건국대학교 대학원 석사논문, 2008

스티븐 부디안스키, 이상원 옮김, 《개에 대하여》, 사이언스북스, 2005

뉴스킷 수도사들, 김윤정 옮김, 《뉴스킷 수도원의 강아지들》, 바다출판사, 2014

B.F. 스키너, 이신영 옮김, 《스키너의 행동심리학》, 교양인, 2019

Mark A. Gluck·Eduardo Mercado·Catherine E. Myers, 최준식·신맹식·한상훈·김현택 옮김, 《학습과 기억》(제3판), 시그마프레스, 2019

Paul Chance, 김문수·박소현 옮김, 《학습과 행동》(제7판), 센게이지러닝코리아, 2014

Matthew H. Olson·B. R. Hergenhahn, 서울대학교 학습창의센터 옮김(대표 역자 신종호·이선영), 《학습심리학》, 학지사, 2019

Laura E. Berk, 이종숙·신은수·안선희·이경옥 옮김, 《아동 발달》(제9판), 시그마프레스, 2015

콘라드 로렌츠, 이동준 옮김, 《인간은 어떻게 개와 친구가 되었는가》, 간디서원, 2003

Benjamin L. hart, 신태균 역, 《동물행동학》, 제주대학교 출판부, 2010

김옥진·김병수·박우대·이형석·정성곤·하윤철·황인수·최인학, 《반려동물행동학》, 동일출판사, 2016

찰스 다윈, 김홍표 옮김, 《인간과 동물의 감정 표현》, 지식을만드는지식, 2014

헬무트 브라케르트·코라 판 클레멘스, 최상안·김정희 옮김, 《시와 그림을 통해서 본 개와 인간의 문화사》, 백의, 2002

로렌 슬레이트, 조증열 옮김, 《스키너의 심리상자 열기》, 에코의 서재, 2012

패트리샤 맥코넬, 신남식·김소희 옮김, 《당신의 몸짓은 개에게 무엇을 말하는가?》, 페티앙북스, 2013

강석기, 《늑대는 어떻게 개가 되었나》, MID, 2014

애덤 하트데이비스, 이현정 옮김, 《파블로프의 개》, 시그마북스, 2016

에이브러햄 매슬로, 오혜경 옮김, 《동기와 성격》(제3판), 연암서가, 2021

남궁 근, 《행정조사방법론》(제2판), 법문사, 1999

콘라트 로렌츠, 김천혜 옮김, 《솔로몬의 반지》, 사이언스북스, 2000

스탠리 코렌, 선우미정 옮김, 《개는 왜 우리를 사랑할까》, 들녘, 2003

데이비드 테일러, 윤태영 옮김, 《세계의 명견들》, 시공사, 2003

농림축산식품부 농림축산검역본부 동물보호과, (보도자료)《2018년 반려동물 보호·복지 실태조사 결과》, 농림축산식품부, 2018

민중서림 편집국, 《엣센스 영한사전》(제8판), 민중서림, 2001

로버트 치알디니, 《설득의 심리학》, 21세기북스, 2004

에른스트 H. 곰브리치, 백승길,이종숭 옮김, 《서양미술사》, 예경, 2017

Jwzierski외 2인, 《Canine Olfaction Science and Law》, CRC Press, 2016

Jack Volhard·Wendy Volhard, 《Dog Training For DUMMIES》, Wiley Publishing, 2010

Resi Gerritsen·Ruud Haak, 《K9 Explosive and Mine Detection》, DOG TRAINING PRESS, 2017

Resi Gerritsen·Ruud Haak, 《K9 Search and Rescue》, DOG TRAINING PRESS, 2014

September B. Morn, 《Training Your Labrador Retriever》, BARRON'S, 2009

C. B. Ferster·B. F. Skinner, 《SCHEDULES of REINFORCEMENT》, Xanedu Pub, 1997

John ross·Barbara Mckinney, 《Dog Talk》, St. martin's press, 1995

산책하는 강아지

ⓒ 박대곤 · 김성민, 2021

초판 1쇄 발행 2021년 9월 16일

지은이   박대곤 · 김성민
펴낸이   이기봉
편집   좋은땅 편집팀
펴낸곳   도서출판 좋은땅
주소   서울 마포구 성지길 25 보광빌딩 2층
전화   02)374-8616~7
팩스   02)374-8614
이메일   gworldbook@naver.com
홈페이지   www.g-world.co.kr

ISBN   979-11-388-0192-8 (13520)